FORSCHUNGSBERICHTE
DES WIRTSCHAFTS- UND VERKEHRSMINISTERIUMS
NORDRHEIN-WESTFALEN

Herausgegeben von Staatssekretär Prof. Leo Brandt

Nr. 301

Prof. Dr. rer nat. Wilhelm Weltzien
Dr. rer. nat. Gerda Cossmann
Peter Diehl

Textilforschungsanstalt Krefeld

Über die fraktionierte Fällung von Polyamiden (II)

Als Manuskript gedruckt

Springer Fachmedien Wiesbaden GmbH

1956

ISBN 978-3-663-20063-5   ISBN 978-3-663-20420-6 (eBook)
DOI 10.1007/978-3-663-20420-6

Forschungsberichte des Wirtschafts- und Verkehrsministeriums Nordrhein-Westfalen

G l i e d e r u n g

I. Einleitung . . . . S. 5

II. Methoden der fraktionierten Fällung . . . . S. 7
   1. Fraktionierung "von oben" . . . . S. 7
   2. Fraktionierung "von unten" . . . . S. 8
   3. Möglichkeiten für die beschleunigte Durchführung
      von Fraktionierungen . . . . S. 9

III. Untersuchung der Fraktionen . . . . S. 10
   1. Allgemeines . . . . S. 10
   2. Viskositätsmessung . . . . S. 13
      a) Bestimmung der Kettgliederzahl
         durch Viskositätsmessung . . . . S. 13
      b) Viskositätsmessungen an Polyamiden und
         Polyamidfraktionen . . . . S. 15
   3. Chemische Endgruppenbestimmungen . . . . S. 17
      a) Bestimmung der Aminoendgruppen . . . . S. 17
        1) Methoden . . . . S. 17
        2) Ergebnisse . . . . S. 18
      b) Bestimmung der Carboxylendgruppen . . . . S. 21
        1) Methoden . . . . S. 21
        2) Ergebnisse . . . . S. 22
   4. Verhalten extremer Fraktionen . . . . S. 25
      a) Verschiedene Basizität extremer Fraktionen . . . . . . S. 25
      b) Verschiedenes Verhalten beim Umfällen . . . . S. 26

IV. Veränderungen der Polyamide bei Behandlungen chemischer
    oder physikalischer Art . . . . S. 27
   1. Allgemeines . . . . S. 27
   2. Chemische Behandlungen . . . . S. 27
      a) Umfällen . . . . S. 27
      b) Behandlung mit Säuren . . . . S. 29
      c) Untersuchungen an Fraktionierungsversuchen . . . . . . S. 30
   3. Physikalische Behandlungen . . . . S. 32
      a) Allgemeines . . . . S. 32
      b) Thermofixierung in heißer Luft . . . . S. 33
      c) Thermofixierung mit Sattdampf . . . . S. 34

4. Chemische Untersuchung der bei den thermischen
   Behandlungen aufgetretenen Veränderungen. . . . . S. 36
5. Versuch einer Deutung der Resultate . . . . S. 37

V. Zusammenfassung . . . . S. 41

I. Einleitung

In dem Forschungsbericht Nr. 64 (1954) haben WELTZIEN und JUILFS eingehend über die experimentelle Durchführung und die Auswertung der Fraktionierungen von Polyamiden berichtet.

In dieser Arbeit wurde zunächst die Frage diskutiert, welche Bedeutung solchen Versuchen im Hinblick auf die praktische Verwendung von synthetischen Fasern - z.B. Perlon und Nylon - zukommt. Inzwischen haben sich zahlreiche weitere Gesichtspunkte ergeben, die auf die Notwendigkeit solcher Untersuchungen für die praktischen Fragen ein neues Licht werfen. Zunächst hängt der strukturelle Aufbau der synthetischen Fasern eng mit deren mechanischen Eigenschaften zusammen. Die synthetischen Fasern weisen als besonderes Charakteristikum nach dem Spinnprozeß eine hohe Verstreckbarkeit von ca. 400 % auf. Da für die praktische Verwendung ein unverstreckter Faden nicht brauchbar ist, so spielen die Verstreckungsprozesse eine grundlegende Rolle. Mit ihrem Ablauf hängen wiederum eine große Anzahl anderer Eigenschaften wie z.B. die Festigkeit, die Elastizität, Anfärbbarkeit - um nur die wichtigsten zu nennen - unlösbar zusammen. Insbesondere wird von den fertigen Garnen eine hohe Gleichmäßigkeit in bezug auf die hier genannten Eigenschaften verlangt.

Ein weiterer wichtiger Punkt ist, daß diese Fasern in ihrem für die praktische Verwendung eingestellten Verstreckungsgrad _fixiert_ werden müssen. Wird eine solche Fixierung nicht vorgenommen, so schrumpft der Faden besonders bei einer heißen Wäsche oder beim Bügeln mehr oder minder stark.

Für andere Verwendungszwecke, für die eine solche Schrumpfung zur Erzielung gewisser Gewebeformen notwendig ist, wird man einen geringeren Verstreckungsgrad oder verschiedenartige Fixierungen anwenden. Sehr häufig verwendet man auch weniger stark und sehr stark fixierte Fasern gleichzeitig in demselben Gewebe, um krepppartige Wirkungen hervorzubringen.

Auf jeden Fall aber müssen auch diese Gewebe endgültig so fixiert werden, daß sie die bereits erwähnten Wasch- und Bügelprozesse ohne weitere Schrumpfung aushalten.

Man ersieht aus diesen Ausführungen, welche Bedeutung gerade bei den synthetischen Fasern der möglichst genauen Erforschung der Struktur und des chemischen Aufbaues zukommt und wie sehr es notwendig ist, die grundlegenden Prozesse zu studieren, wenn man die in der Praxis noch sehr häufigen

Schwierigkeiten überwinden will.

Es sei auch daran erinnert, daß synthetische Fasern wie Nylon und Perlon auf der ganzen Welt in zahlreichen Fabriken hergestellt werden, die zwar der Grundreaktion nach weitgehend identische Produkte erzeugen. Diese Fäden und Fasern sind aber bezüglich ihres Verstreckungsgrades, Schrumpfungsvermögens und anderer Eigenschaften stark unterschiedlich und lassen sich daher in der Praxis nicht ohne weiteres zusammen verarbeiten. Hier werden grundlegende Untersuchungen erforderlich, um die verschiedenen Produkte genügend scharf zu charakterisieren.

Um für unsere Arbeit den Anschluß an die Praxis zu gewährleisten, beschäftigt sich daher diese Untersuchung nicht nur mit der Fraktionierung allein sondern auch mit gewissen anderen Erscheinungen einschließlich der Vorgänge beim Fixieren.

Die Entwicklung dieses ganzen Gebietes hat bei der Durcharbeitung zu der Feststellung geführt, daß die Grundphänomene und ihre Kombinationen bei praktischen Prozessen wesentlich komplizierter sind, als man bisher vermutet hat. Dieses hängt zum Teil damit zusammen, daß bei den natürlichen Fasern und auch bei den regenerierten Zellulosefasern immerhin ein von der Natur in seiner Grundstruktur auf biologischem Wege aufgebautes Material vorliegt, das bei aller individuellen Verschiedenheit in sich doch in chemischer Hinsicht eine ziemlich einheitliche Zusammensetzung aufweist. Demgegenüber liegen bei den synthetischen Fasern sowohl die chemische Synthese des Rohmaterials als auch alle chemischen und physikalischen Nachbehandlungen in Menschenhand. Somit sind hier viel größere Variationsmöglichkeiten gegeben.

Die Auswahl, die man dabei unter diesen Möglichkeiten getroffen hat, beruht im wesentlichen auf empirischen Feststellungen in Zusammenhang mit der textilen Verarbeitung und ist daher noch recht unbestimmt. Es ist dem Praktiker nicht leicht begreiflich zu machen, daß man, um die textilen Verwendungsmöglichkeiten und Arbeitsvorschriften richtig klarzulegen, bis zu einer Zerlegung der Faser in die kleinen Moleküle bzw. Molekülgruppen und damit in das Gebiet der wissenschaftlichen Grundlagenforschung zurückgehen muß. Bei der heutigen schnellen Entwicklung auf diesem Gebiet ist es aber klar, daß dies der einzige Weg ist, der auf die Dauer zu einer technischen Beherrschung dieses Gebietes führt, denn schließlich sind die Faser bzw. das Garn die einzigen Faktoren, die alle verschiedenen

Arbeitsprozesse durchlaufen und in ihrer Qualität während dieser Prozesse nicht nur nicht geschädigt sondern möglichst noch verbessert werden sollen.

Es ist zu betonen, daß die hier vorgelegten Untersuchungsergebnisse nur ein Teilausschnitt der eben umrissenen Gesamtaufgabe darstellen können. Es wird ein Vorstoß in die Gebiete unternommen, bei denen z. Zt. noch die größten Unklarheiten herrschen.

II. Methoden der fraktionierten Fällung

Die Methoden der fraktionierten Fällung haben wir in dem bereits erwähnten Forschungsbericht Nr. 64 ausführlich beschrieben, möchten aber an dieser Stelle noch einige Ergänzungen geben.

Wir haben damals gezeigt, daß zwei Möglichkeiten der Ausfällung bestehen, die wir als die Fraktionierung "von oben" und die "von unten" bezeichnet haben.

1. Fraktionierung "von oben"

Bei der Fraktionierung "von oben" geht man in der Weise vor, daß eine 1,5 proz. Lösung des Polyamids in m-Kresol hergestellt wird. Zu dieser Lösung wird dann tropfenweise Cyclohexan zugegeben, bis sich eine Trübung zeigt. Die Menge des zugegebenen Cyclohexans wird dabei so bemessen, daß bei einer Zerlegung in 10 Fraktionen bei jedem Ausfällungsprozeß etwa 10 % der eingebrachten Gesamtmenge ausgefällt werden.

Bei der Fraktionierung "von oben" liegen die Verhältnisse also so, daß zunächst einer großen Menge von m-Kresol-Lösung des Polyamids eine verhältnismäßig kleine Menge des Cyclohexans gegenübersteht. Mit zunehmender Abscheidung weiterer Fraktionen erhöht sich dann der Cyclohexan-Anteil. Entsprechend wird auch die ursprüngliche Kresol-Lösung immer verdünnter. Die Abscheidung der letzten Fraktion, die die niedermolekularen Anteile enthält, entspricht also in den gesamten Konzentrationsverhältnissen keinesfalls mehr den Bedingungen, die bei der Ausfällung der ersten Fraktion gegeben waren.

Außerdem erfolgt die Abscheidung der ersten Fraktion, die überwiegend die längsten Moleküle umfaßt, in einem Milieu, das die gesamten kurzkettigen Anteile noch enthält. Es ist daher sehr wohl die Möglichkeit gegeben, daß die langkettigen Anteile kurzkettige mitreißen.

Forschungsberichte des Wirtschafts- und Verkehrsministeriums Nordrhein-Westfalen
___

Auf jeden Fall ist festzustellen, daß diese Art der Fraktionierung eine gewisse Anzahl von Unsicherheitsfaktoren in sich birgt, die zwar eine solche Fraktionierung nicht unbedingt wertlos machen, aber doch mindestens zur Kenntnis genommen werden müssen.

2. Fraktionierung "von unten"

Man kann die Fraktionierung nun umgekehrt in der Weise ausführen, daß man die 1,5 proz. m-Kresol-Lösung des Polyamids zunächst mit einer so großen Menge von Cyclohexan versetzt, daß nur die kurzkettigen Anteile, die naturgemäß eine besonders hohe Löslichkeit besitzen, übrigbleiben. Hier stellt man die Zugabe des Fällungsmittels so ein, daß zunächst etwa 90 % der Substanz ausgefällt werden, eine Fraktion von etwa 10 % also in Lösung verbleibt. Bei einem solchen Verfahren hat man den großen Vorteil, daß das Konzentrationsgefälle zwischen den beiden sich bildenden Schichten sehr groß ist, was den Trennungseffekt begünstigt. Die ausgefällte Hauptmenge von ca. 90 % wird dann wiederum durch Zusatz von m-Kresol zu derselben Konzentration gelöst, wie sie vor der Abscheidung der ersten Fraktion vorhanden war, und dann wird der Zusatz einer großen Menge von Cyclohexan wiederholt, bis ungefähr 80 % des zu Anfang eingewogenen Polyamids ausgefällt sind, so daß wiederum eine Fraktion von etwa 10 % der ursprünglichen Gesamteinwaage in Lösung bleibt. In derselben Weise wird immer weiter fortgefahren. Aus den jeweiligen Lösungen in Cyclohexan werden die betreffenden Fraktionen durch Zusatz von Äther in fein verteilter Form vollkommen ausgefällt.

Dieses Verfahren hat also gegenüber der Fraktionierung "von oben" den großen Vorteil, daß die Konzentrationsverhältnisse bei der Fraktionierung wesentlich konstanter sind. Weiterhin werden hier zunächst die kurzkettigen Anteile abgetrennt und damit besonders solche Stoffe entfernt, die möglicherweise von langkettigen mitgerissen werden können.

Es soll nicht verschwiegen werden, daß das Ausprobieren der Fällungsbedingungen, um je Fraktion möglichst annähernd 10 % abzutrennen, eine experimentell sehr schwierige Aufgabe darstellt und große Übung verlangt. Es ist auch in einer Anzahl von Fällen nicht möglich gewesen, diese Bedingungen zu erfüllen.

Die Überlegungen, die wir in dem Forschungsbericht Nr. 64, Seite 25 auf Grund unserer ersten Fraktionierungsergebnisse durchgeführt haben, führen jedoch zu dem Schluß, daß die Ausfällung möglichst gleichmäßiger Fraktionen den Trennungsvorgang und besonders den Vergleich der verschiedenen Fraktionen unter sich sehr erleichtert. Deshalb soll man die Erzielung von Fraktionen möglichst gleichen Gewichtes stets anstreben.

3. Möglichkeiten für die beschleunigte Durchführung von Fraktionierungen

Es ist sehr unangemehm, daß Fraktionierungen auf den verschiedenen hier genannten Wegen deshalb zeitraubend sind, weil jede Fraktion mindestens einen Tag zum Absitzen braucht. Weiterhin ist die Handhabung der großen Mengen an Lösungs- und Fällungsmitteln unangenehm, weil sie viel zusätzliche Arbeitszeit in Anspruch nimmt. Unter diesen Umständen vergehen für eine Fraktionierung mit 10 Fraktionen immerhin einige Wochen, bis einwandfreie Meßresultate vorliegen.

Eine Möglichkeit zur Abkürzung der Versuchsdauer bestünde in der Verwendung konzentrierterer Lösungen und der damit verbundenen Herabsetzung der benötigten Lösungsmittelmengen. Ein solches Verfahren verändert jedoch die Fällungs- und Trennungsbedingungen so erheblich, daß es im Rahmen dieser Untersuchungen ausscheidet.

Man kann weiter versuchen, die Zeit des Absitzens durch Zentrifugieren abzukürzen, und wir beabsichtigen auch, derartige Versuche im weiteren Fortschritt unserer Arbeiten vorzunehmen. Man muß sich aber dann daran gewöhnen, mit sehr kleinen Substanzmengen zu arbeiten, weil das Fassungsvermögen der Zentrifugen beschränkt ist. Dadurch wird es wiederum unmöglich, verschiedenartige Messungen an ein und derselben Fraktion vorzunehmen, da weder für Viskositätsmessungen noch für chemische Endgruppenbestimmungen Mikromethoden mit ganz kleinen Substanzmengen z. Zt. ausgearbeitet sind. Da aber das Ziel unserer Untersuchungen dahin geht, die einzelnen Fraktionen weiter zu zerlegen, so ist es bei der ersten Fraktionierung immer notwendig, größere Substanzmengen zur Verfügung zu haben.

Eine dritte Möglichkeit der Abkürzung besteht darin, daß man bei der ersten Fraktionierung die Zahl der Fraktionen auf etwa 5 - 6 herabsetzt. Ein solches Verfahren könnte gegenüber der direkten Aufteilung in 10 Fraktionen den Vorteil bieten, daß es leichter wäre, 5 gleichgroße Fraktionen und damit auch für jede dieser 5 Fraktionen befriedigendere Verteilungskurven zu erhalten. Durch weitere Unterfraktionierung ließe sich dies ermitteln.

In speziellen Fällen könnte man evtl. auf die Unterfraktionierung verzichten. Über einen solchen Versuch wurde bereits im Forschungsbericht Nr. 64, Seite 17 - 18 berichtet und tatsächlich ein Ergebnis erhalten, das einen sehr wesentlichen Einblick in die Zusammensetzung des Polyamids ergab. Allerdings konnte damals von einer Zeitersparnis noch keine Rede sein. Wir beabsichtigen jedoch, in dieser Richtung weitere Versuche mit dem Ziel der Abkürzung des Verfahrens durchzuführen.

Die vierte Möglichkeit endlich besteht in der Ersetzung der umständlichen Viskositätsmessung durch andere Bestimmungsmethoden, z.B. die Endgruppentitration. Leider sind, wie wir weiter unten genauer darlegen werden, die Resultate der chemischen Endgruppentitration aus teils bekannten, teils aber noch unbekannten Gründen nicht unmittelbar mit den Viskositätswerten in Korrelation zu setzen. Deshalb muß man für die hier im Vordergrund stehenden Fragen der schnellen Ermittlung der Verteilungsfunktion auf ihre Anwendung verzichten.

Schließlich gibt es noch andere Methoden mit kürzerer Versuchsdauer, z.B. die sogenannte Trübungstitration, bei der man den Trübungspunkt nach Zugabe des Fällungsmittels bestimmt. Diese Methode ist aber noch nicht genügend sorgfältig durchgearbeitet und ermöglicht daher vorläufig keine Ergebnisse, die mit Sicherheit denen entsprechen, die man nach den bewährten alten Methoden erhält.

Wenn man auch an dieser Stelle zusammenfassend sagen muß, daß sich bis heute noch keine Möglichkeit abgezeichnet hat, eine erhebliche Beschleunigung gegenüber den von uns bisher benutzten Arbeitsweisen zu erzielen, ohne dafür schwerwiegende Nachteile einzutauschen, so wollen wir doch die Unterteilung in 5 Fraktionen, wie sie oben diskutiert wurde, als eine Möglichkeit im Auge behalten.

III. Untersuchung der Fraktionen

1. Allgemeines

Für die Untersuchung der Fraktionen stehen physikalische Methoden (Viskositätsmessung, Lichtzerstreuung) sowie chemische Reaktionen (Endgruppenbestimmung) zur Verfügung. Die Methoden der Lichtzerstreuung sind vorläufig noch nicht von uns durchgeführt worden, weil dies eine ganz spezielle und sehr schwierige Sonderaufgabe darstellt, die im Rahmen der bisherigen Untersuchungen noch nicht berücksichtigt werden konnte.

Im allgemeinen wird der Viskositätsbestimmung das größte Vertrauen geschenkt, weil eine sehr große Erfahrung auf diesem Gebiet vorliegt und - wie wir weiter unten feststellen werden - gute Übereinstimmung erhalten werden kann, sofern die Fraktionierung einwandfrei durchgeführt wurde. Der Viskositätsmessung als physikalische Methode stehen die chemischen Methoden der sogenannten Endgruppenbestimmung gegenüber. Sie beruhen darauf, daß in den Polyamiden jedes Makromolekül an den beiden Enden seiner Kette je eine freie primäre Amino- bzw. Carboxylgruppe besitzt. Alle übrigen Amino- und Carboxylgruppen sind bekanntlich in Form von Säureamid- (Peptid-) Bindungen festgelegt. Man kann also nur die Aminoendgruppen durch Titration mit Säure und nur die Carboxylendgruppen durch eine entsprechende Titration mit Basen quantitativ bestimmen.

Da auf jedes Molekül, ganz gleich, ob es kurz oder lang ist, nur eine Amino- und eine Carboxylgruppe entfallen, kann man somit durch Bestimmung der freien Endgruppen die mittlere Kettenlänge eines gegebenen Präparates bestimmen, denn der prozentuale Gehalt an freien Aminoendgruppen sinkt naturgemäß mit der Länge der Moleküle. <u>Gleiche Gewichtsmengen derselben Substanz enthalten somit, sofern es sich um kleine Moleküle handelt, wesentlich mehr titrierbare Endgruppen als dieselbe Substanzmenge, sofern sie aus langen Molekülen besteht.</u>

Eine große Schwierigkeit der Auswertung auf Grund der chemischen Endgruppenmethode liegt nur darin, daß hierbei andere Werte gefunden werden, als sie die physikalische Viskositätsmessung ergibt. Hier sind zunächst folgende Überlegungen maßgebend:
Bei der physikalischen <u>Viskositätsmessung</u> wird ein bestimmtes Gewicht der Substanz gelöst, und die erhaltenen Zahlen stellen daher ein <u>Gewichtsmittel</u> für sämtliche gelösten Moleküle dar. Bei der <u>chemischen Endgruppenbestimmung</u> dagegen wird aus der gefundenen Zahl der freien Aminoendgruppen die Zahl der in der Lösung vorhandenen Moleküle insofern errechnet, als man jeder gefundenen Aminogruppe ein Molekül zuordnet. Es handelt sich hier also um ein <u>Zahlenmittel, das auf der Berechnung der Zahl der einzelnen Moleküle ohne Rücksicht auf deren Gewicht beruht.</u>

Um den Unterschied zwischen beiden Arten der Messung verständlicher zu machen, ist ein Vergleich mit der sogenannten <u>Stapelmessung</u>

der Gespinstfasern zweckmäßig. Gespinstfasern wie z.B. Baumwolle enthalten Haare von recht unterschiedlicher Länge. Bei der Längenmessung von Fasern ist es nun möglich, durch geeignete Auskämm-Methoden die verschiedenen Längen voneinander zu trennen und sie so zu sortieren, daß - z.B. auf einer Samtunterlage - alle Fasern einer solchen Probe ihrer Länge nach geordnet nebeneinander liegen. Man legt dabei links die längsten Fasern und rechts die kürzesten auf. Die verschiedenen Längengruppen, in die man ein solches Stapeldiagramm unterteilt, kann man nun entweder nach ihrem prozentualen Gewichtsanteil am gesamten Gewicht der Probe bestimmen, oder aber man kann die einzelnen Haare auszählen und damit angeben, wieviel Einzelhaare jede Längenklasse enthält. **Man bekommt also auf diesen beiden Wegen zwei Arten von Häufigkeitsdiagrammen, ein Gewichtsdiagramm und ein Längendiagramm.**

Es leuchtet nun ein, daß beim Gewichtsdiagramm die kurzen Fasern prozentual sehr viel weniger in Erscheinung treten als beim Längendiagramm, weil in letzterem jede einzelne Faser, ganz gleichgültig, ob sie lang oder kurz ist, gezählt wird, während beim Gewichtsdiagramm einer langen Faser vielleicht 3 oder mehr ganz kurze Fasern entsprechen. Es wird also bei derselben Probe das Gewichtsdiagramm immer einen höheren Mittelwert ergeben als das Längendiagramm.

Wenn wir diese Vorstellungen auf die Fraktionierung übertragen wollen, so müssen wir uns zunächst bewußt sein, daß ein vollständiger Vergleich aus dem Grunde nicht möglich ist, weil man Moleküle nicht wie Fasern einzeln sortieren kann. So besteht bei Molekülen jede Fraktion ihrerseits aus einer größeren Anzahl von Molekülen verschiedener Länge. Die Mittelwerte steigen mit zunehmender durchschnittlicher Kettenlänge an, sind aber von der Art der Verteilung der Moleküle in jeder einzelnen Fraktion abhängig. Ohne Kenntnis der jeweiligen Verteilungsfunktion der einzelnen Fraktionen läßt sich daher ein einwandfreier Vergleich nicht durchführen.

Nichtsdestoweniger bleibt aber die Tatsache bestehen, daß auch bei den Fraktionierungen das Gewichtsmittel, wie es bei der Viskositätsmessung errechnet wird, höher liegen muß als das Zahlenmittel aus den chemischen Endgruppenbestimmungen.

Man sollte nun erwarten, daß entsprechend diesen Voraussetzungen die Mittelwerte aus den chemischen Endgruppenbestimmungen tiefer liegen als die Mittelwerte aus den Viskositätsbestimmungen. In Wirklichkeit ist aber genau das Gegenteil der Fall. Die Endgruppen-Mittelwerte liegen bestenfalls in der gleichen Höhe, meistens aber höher als die Viskositätswerte. Endgruppenwerte, die unter dem Viskositätsmittel liegen, haben wir nur in einem Falle gefunden. Hier handelt es sich aber nur um Versuchsmaterial (Perlon LWO, Tabelle 4).

Auf Grund dieser Feststellungen, die von vielen anderen Seiten bestätigt worden sind, hat es zunächst keinen Sinn, die Mittelwerte aus Viskositätsmessungen mit denen der Endgruppen-Bestimmungen zu vergleichen bzw. ineinander umzurechnen.

Wir werden daher im folgenden die <u>nach den verschiedenen Methoden gefundenen Werte lediglich als Kennzahlen betrachten,</u> wobei nur die nach derselben Methode ermittelten Werte unter sich vergleichbar sind.

Wenn man auf diese Weise vorgeht, dann büßt man zwar mit der Möglichkeit absoluter Vergleiche auch die Grundlagen für allgemeine theoretische Überlegungen zunächst ein. Wir werden aber zeigen, daß man aus den Veränderungen, die die verschiedenen Werte unabhängig voneinander z.B. nach bestimmten Behandlungen zeigen, sehr empfindliche Nachweise für feinere Änderungen der Polyamide erhält. Es ist wichtig festzustellen, daß man auf diese Weise aus der Diskrepanz zwischen den einerseits viskosimetrisch und andererseits durch chemische Endgruppenbestimmung ermittelten Zahlen Anregungen für weitere Versuche erhalten hat, die uns - wie wir glauben - ein erhebliches Stück weitergebracht haben.

2. Viskositätsmessung

Über diese Untersuchungsmethode und besonders über die Auswertung ihrer Ergebnisse haben wir im Forschungsbericht Nr. 61 sehr eingehend berichtet. Wir möchten daher über die theoretischen Fragen zunächst in keine weitere Diskussion eintreten, sondern begnügen uns mit der Berechnung der sog. <u>Kettgliederzahlen nach Staudinger,</u> die die durchschnittliche Zahl der Glieder der Molekülketten eines Präparates oder einer Fraktion angeben und von uns vorläufig nur als Kennzahlen benutzt werden sollen.

a) Bestimmung der Kettgliederzahl durch Viskositätsmessung

50 mg einer im Vakuumexsikkator über Phosphorpentoxyd bei $70^\circ C$ nachgetrockneten Polyamidprobe bzw. Polyamidfraktion werden in 100 cm^3 doppelt destilliertem m-Kresol bei 60 $^\circ C$ ± 0,5 unter mehrmaligem Schütteln gelöst.

(Die Lösezeit beträgt 3 bis 4 Stunden). Um Staubteilchen und sonstige Verunreinigungen zu entfernen, wird die Lösung durch eine Glasfritte 3 G 2 gefiltert (schwaches Vakuum) und anschließend etwa 15 cm^3 Lösung in ein "Viskosimeter mit Hängeniveau", gefüllt. Die Dimension des gewählten Viskosimeters ist so gewählt, daß die Durchlaufzeit des reinen Lösungsmittels bei 24,85 °C 158 bis 159 Sekunden beträgt. Die erhaltenen Meßwerte wurden nach der Staudingerschen Gleichung ausgewertet.

$$Z_\eta = \eta\,\text{spez}/c = H_{KZ} \cdot KZ$$

Die KZ-Konstante ist H. STAUDINGER "Organische Kolloidchemie", Kapitel VI, Abschnitt 8 (1950), Bestimmung des Polymerisationsgrades durch Viskositätsmessung entnommen. Danach beträgt die KZ-Konstante: $1,2 \cdot 10^{-4}$ für m-Kresol. Dieser Wert ist bei den Auswertungen in die obige Gleichung eingeführt. Es ist bekannt, daß die Staudingersche Konstante bei KZ-Werten oberhalb 800 - 1000 nur mit Einschränkung gültig ist. Im Rahmen der hier zur Diskussion stehenden experimentellen Vergleiche haben wir diese Frage absichtlich nicht berührt, da für unseren Zweck die Staudingersche Berechnungsart ausreicht.

Tabelle 1

Kettgliederzahlen (viskosimetrisch) von unfraktionierten Perlonproben

Probe	$KZ_{visk.}$
Perlongarn 1	1008
Perlongarn 2	1003
Perlongarn 3	978
Perlongarn 4	1009
Perlon LRI (roh, unversponnen)	940
Perlon LFI (Flocke)	1003
Perlon LWO (roh, unversponnen)	612) 617) 618 625)
Perlon LRII (roh, unversponnen)	885

b) Viskositätsmessungen an Polyamiden und Polyamidfraktionen

Aus einer Vielzahl von Messungen haben wir solche Reihen herausgesucht, die im Rahmen der in diesem Bericht zu besprechenden Ergebnisse von besonderem Interesse sind. Zunächst zeigt Tabelle 1 eine Reihe von Viskositätsmessungen an unfraktionierten Proben. Man erkennt, daß lediglich in der letzten Reihe zwei Präparate LWO und LRII mit abweichender, nämlich niedrigerer Viskosität aufgeführt sind. Alle übrigen Perlone haben gleichmäßig eine mittlere Kettgliederzahl zwischen 900 und 1000.

Weiterhin folgen nun Fraktionierungsergebnisse an den Präparaten <u>Perlon LRI</u> und <u>Perlon LWO</u> mit verschiedener Fraktionenzahl und ihre viskosimetrische Auswertung. (Tabelle 2 und 3).

Tabelle 2
Verschiedene Fraktionierungen mit wechselnder Zahl der Fraktionen $KZ_{visk.}$ bei Perlon LWO

Nr.	Versuch 4 Fraktion %	Versuch 4 $KZ_{visk.}$	Versuch 5 Fraktion %	Versuch 5 $KZ_{visk.}$	Versuch 9 Fraktion %	Versuch 9 $KZ_{visk.}$	Versuch 12 Fraktion %	Versuch 12 $KZ_{visk.}$	Versuch 5.1 Fraktion %	Versuch 5.1 $KZ_{visk.}$	Versuch 5.2 Fraktion %	Versuch 5.2 $KZ_{visk.}$
1	11,92	264	8,95	190	12,36	213	9,12	227	22,61	336	19,55	323
2	7,02	322	7,47	291	9,92	320	12,44	345	21,75	517	21,54	496
3	8,64	425	11,50	394	9,32	426	11,34	420	20,82	630	21,46	616
4	10,39	519	11,72	475	11,48	484	12,34	515	21,96	876	21,36	770
5	6,61	598	15,82	546	11,57	576	16,88	683	12,86	1208	16,09	1079
6	11,40	612	7,14	616	14,04	674	16,46	750				
7	9,28	717	9,79	712	13,09	759	14,78	939				
8	9,58	781	12,98	873	11,31	915	6,64	1193				
9	7,53	834	9,55	991	6,91	1332						
10	17,63	1088	5,08	1321								
Summe %	100,00		100,00		100,00		100,00		100,00		100,00	
Mittelwert (errechnet) $KZ_{visk.}$		658		619		610		632		666		640

Viskosimetrische Kettgliederzahl des unfraktionierten Polyamides LWO: <u>618</u>

Tabelle 3

Fraktionierung mit 18 Fraktionen $KZ_{visk.}$ von Perlon LRI Versuch 41/1

Fraktion Nr.	%	KZ visk.
1	4,22	1410
2	6,15	1364
3	3,57	1351
4	3,24	1335
5	4,64	1295
6	3,45	1287
7	5,06	1244
8	10,39	1195
9	6,13	1142
10	10,21	1083
11	8,22	981
12	7,41	899
13	7,13	823
14	4,02	719
15	4,26	707
16	2,74	611
17	3,58	586
18	5,58	204

Summe 100,00

Mittelwert 1021

Viskosimetrische Kettgliederzahl des
unfraktionierten Polyamides LRI: 940

Man erkennt, daß trotz der verschiedenen Zahl der Fraktionen die unter Berücksichtigung der Größe jeder Fraktion gefundenen Mittelwerte innerhalb der unvermeidlichen Fehlergrenzen auch mit der viskosimetrischen Kettgliederzahl des unfraktionierten Ausgangsmaterials übereinstimmen. Damit ist bewiesen, daß während des Fraktionierungsprozesses keine Veränderungen in den viskosimetrischen Eigenschaften eingetreten sind. Diese Feststellung ist deshalb wichtig, weil man bei den weiter unten zu besprechenden chemischen Endgruppenbestimmungen wesentlich andere Resultate erhält.

Tabelle 3 zeigt ein analoges Ergebnis beim <u>Polyamid LRI</u> auf Grund einer Zerlegung in 18 Fraktionen. Hier ist die Differenz etwas größer, doch ist dies bei 18 Fraktionen nicht zu beanstanden.

Im ganzen zeigen somit die viskosimetrischen KZ-Werte eine brauchbare Reproduzierbarkeit und ändern sich im Mittelwert bei der Fraktionierung nicht. Wir werden weiter unten sehen, wie wichtig diese Feststellung ist. Dabei sei nochmals an die bereits erwähnte Tatsache erinnert, daß wir die Werte <u>nur als Kennzahlen</u> verwerten, sie aber im Rahmen dieser Untersuchung noch nicht zur Grundlage weitergehender theoretischer Überlegungen machen.

3. Chemische Endgruppenbestimmungen

Wie bereits oben erwähnt, ist die Beurteilung der Ergebnisse von chemischen Endgruppenbestimmungen wesentlich schwieriger als die von Viskositätsmessungen, zumal - nicht nur nach unseren Messungen - eine Übereinstimmung zwischen beiden Meßmethoden nicht besteht. Wie wir erwähnt haben, müßten die KZ-Werte der chemischen Endgruppenbestimmungen niedriger als die viskosimetrischen KZ-Werte liegen. Selbst eine summarische Übereinstimmung also, wie sie in den folgenden Tabellen gelegentlich vorkommt, genügt nicht.

Aus diesen Gründen war es notwendig, die experimentellen Grundlagen sorgfältig zu erarbeiten und durch Variationen in der Vorbehandlung der Fasern die wichtigsten Einflüsse zu prüfen. Wenn wir auch auf diese Weise eine gewisse Klärung der experimentellen Voraussetzungen erreicht haben, so reichen doch diese Feststellungen noch nicht zu einer umfassenden theoretischen Aufklärung aus. Als experimentell gesicherte Tatbestände sind unsere Ergebnisse aber für Vergleiche sehr brauchbar.

Wir behandeln zunächst die Bestimmung der Aminoendgruppen-Kettgliederzahlen (KZ_{NH_2}) und danach die der Carboxylendgruppen-Kettgliederzahlen (KZ_{COOH}).

a) Bestimmung der Aminoendgruppen

1) M e t h o d e n

Die Bestimmung der freien Aminoendgruppen erfolgt durch Titration mit Säure, wobei entweder der Farbumschlag eines Indikators auf kolorimetrischem Wege gemessen oder aber eine Leitfähigkeitstitration (ohne Farbindikator) aufgeführt wird. Wir haben vorläufig unsere Titrationen nur kolorimetrisch ausgeführt und konnten daher nur mit ungefärbten Fasern arbeiten. Wir werden aber in Zukunft auch die Leitfähigkeitstitration anwenden, um die zum Teil besonders wichtigen Untersuchungen von gefärbten Fasern durchzuführen.

Arbeitsvorschrift:

Polyamid wird 8 Stunden mit sorgfältig gereinigtem Äther extrahiert. Dann werden 100 mg über Phosphorpentoxyd im Vakuum bei 70 °C getrocknet und in einem Kolorimeterglas (KPG-Glas) in 13 cm³ besonders gereinigtem m-Kresol gelöst.

Die Reinigung des m-Kresols erfolgt zunächst durch Vakuumdestillation über 5 cm³ Schwefelsäure und 5 g Zinkstaub je 1,5 l Kresol. Danach wird nochmals (unter Fraktionierung) über 10 g Bariumoxyd im Vakuum destilliert.

Nach dem Auflösen des Polyamids werden 7 cm³ Methanol - enthaltend 4 Tropfen 0,1 proz. Tropäolin 00 je 10 cm³ Gesamtlösung - zugegeben. Die Zusammensetzung der Lösung entspricht dann etwa 70 % m-Kresol und 30 % Methanol.

Danach wird im Lange-Kolorimeter unter Durchleiten von reinem Stickstoff mit 0,01 n Überchlorsäure titriert.

Nach Abzug des Blindwertes, der vor jeder Serienmessung bestimmt wird, errechnet man dann die Molekulargewichte; diese ergeben nach Division durch 16,14 die KZ_{NH_2}-Werte.

2) **E r g e b n i s s e**

In Parallele zu den in Tabelle 1 aufgeführten Werten sind in Tabelle 4 nunmehr $KZ_{visk.}$ und KZ_{NH_2} von denselben unfraktionierten Polyamiden zusammengestellt.

Man erkennt zunächst, daß - abgesehen von Perlon LWO - alle KZ_{NH_2}-Werte höher liegen als die entsprechenden $KZ_{visk.}$.

Die erwähnte Ausnahme bei Perlon LWO ist auffallend genug. Hier ist der einzige bisher von uns aufgefundene Fall, wo die nach beiden Methoden ermittelten Werte sich einigermaßen so entsprechen, daß sie - ihre noch zu ermittelnde Verteilungsaufwertung vorausgesetzt - zu ähnlichen Werten führen können.

Tabelle 4

Viskosimetrische und Aminoendgruppen-Kettgliederzahlen von unfraktionierten Perlonproben

Probe	$KZ_{visk.}$	KZ_{NH_2}	Diff.
Perlongarn 1	1008	1983	+ 975
Perlongarn 2	1003	2074	+ 1071
Perlongarn 3	978	2149	+ 1171
Perlongarn 4	1009	2161	+ 1152
Perlon LR I (roh, unversponnen)	940	1100	+ 160
Perlon LF I (Flocke)	1003	1045	+ 42
Perlon LWO (roh, unversponnen)	618	525	- 93
Perlon LR II (roh, unversponnen)	885	1140	+ 255

Weiterhin ist zu ersehen, daß die Differenz $KZ_{NH_2} - KZ_{visk.}$ bei fertig versponnenen Garnen um etwa eine Zehnerpotenz größer ist als bei den unversponnenen Mustern einschl. eines in Flockenform vorliegenden Präparates. Hiernach muß man schon an dieser Stelle vermuten, daß beim Spinnen, also einem Prozeß, bei dem das Polyamid hoch erhitzt und geschmolzen wird, <u>bei gleichbleibender Viskosität die Zahl der freien Aminogruppen abnimmt</u>[1], die KZ_{NH_2} also ansteigt. Demnach erhält man also den Eindruck, daß gegenüber Erhitzungsprozessen die freien Aminogruppen sehr empfindlich sind, während die Viskositätswerte hiervon nicht so stark beeinflußt werden. Wir werden weiter unten eingehend auf diesen Befund, der den bisherigen Ansichten stark entgegengesetzt ist, zurückkommen.

Nunmehr müssen wir, analog Tabelle 2, <u>Fraktionierungsvorgänge</u> in dieser Hinsicht untersuchen. Da bei unseren Fraktionierungsversuchen nur in wenigen Fällen die Fraktionen so groß waren, daß man an ihnen sowohl Viskositäts- als auch chemische Endgruppenbestimmungen machen konnte, so ist das zur Diskussion stehende Versuchsmaterial wesentlich kleiner als das in Tabelle 2 aufgeführte. Tabelle 5 zeigt die Ergebnisse.

---

1. Vgl. STAUDINGER und SCHNELL, Makromolekulare Chemie <u>1</u> (1947), S. 49

Tabelle 5

Verschiedene Fraktionierungen mit wechselnder Zahl der Fraktionen ($KZ_{visk.} - KZ_{NH_2}$) bei Perlon LWO und LRI

Fraktion Nr.	Perlon LWO						Perlon LRI	
	Versuch 9		Versuch 5.1		Versuch 5.2		Versuch 41/1	
	$KZ_{visk.}$	KZ_{NH_2}	$KZ_{visk.}$	KZ_{NH_2}	$KZ_{visk.}$	KZ_{NH_2}	$KZ_{visk.}$	KZ_{NH_2}
1	213	292	336	357	323	346	1410	--
2	320	584	517	726	496	652	1364	--
3	426	759	630	1565	616	1244	1351	--
4	484	1100	876	2062	770	2196	1335	1973
5	576	1229	1208	2540	1079	2744	1295	2047
6	674	1225					1287	2095
7	759	1601					1244	2016
8	915	2092					1195	1933
9	1332	2043					1142	1778
10							1083	1759
11							981	1686
12							899	--
13							823	1438
14							719	1344
15							707	1153
16							611	1083
17							586	--
18							204	--

Mittelwert (errechnet)

$KZ_{visk.}$ <u>610</u>   <u>666</u>   <u>640</u>   <u>1021</u>

KZ_{NH_2} <u>811</u>   <u>1042</u>   <u>820</u>

Kettgliederzahlen der unfraktionierten Polyamide

Perlon LWO $KZ_{visk.}$ <u>618</u>   Perlon LRI $KZ_{visk.}$ <u>940</u>

                 KZ_{NH_2} <u>525</u> KZ_{NH_2} <u>1100</u>

Es ist zu erkennen, daß die Werte für KZ_{NH_2} nach der Fraktionierung, besonders in den höheren KZ-Werten, gegenüber den entsprechenden, für $KZ_{visk.}$ gefundenen Zahlen noch erheblich stärker differieren, als dies bei den unfraktionierten Ausgangsmaterialien der Fall war.

Besonders auffallend ist dies beim Perlon LWO, wo im unfraktionierten Produkt (vgl. S. 20) die KZ_{NH_2} niedriger liegt als die KZ_{visk}. Nach der Fraktionierung hat sich dieses Verhältnis umgekehrt, genau in dem Sinne, wie es bei den anderen Präparaten gefunden wird.

Sehr wichtig ist demgegenüber die auf S. 20 in Tabelle 5 wiederholte Feststellung, daß derartige Veränderungen bei den KZ_{visk}-Werten nicht festzustellen sind.

Man muß also den Schluß ziehen, daß während der Fraktionierung Veränderungen an den freien Aminoendgruppen vorgehen, die sich nicht in einer Änderung der Viskositätswerte zu erkennen geben.

Wir kommen weiter unten noch eingehend auf diese Fragen zurück.

b) Bestimmung der Carboxylendgruppen

1) M e t h o d e n

Die Titration der Carboxylendgruppen bietet gewisse Schwierigkeiten, da von manchen Polyamiden, besonders von Nylon, keine stabilen Lösungen zu erhalten sind. Für unsere Versuche, die sich durchweg auf Perlon bezogen, waren jedoch keine größeren Schwierigkeiten vorhanden. Man muß jedoch möglichst schnell arbeiten.

Arbeitsvorschrift:

Das Polyamid wird genau so vorbereitet, wie dies bei der Aminoendgruppenbestimmung (S. 18) beschrieben ist. Danach werden 100 mg der Substanz in 3 cm^3 β-Phenyläthylalkohol gelöst und mit 10 cm^3 eines azeotropen Gemisches von Propanol-Wasser verdünnt. Ein Mischindikator Phenolphtalein-Thymolblau wird dem Propanol-Wasser-Gemisch zugesetzt. Nach Zusatz von 2 - 3 Tropfen 35 gew. proz. Formaldehydlösung wird im Lange-Kolorimeter unter Durchleiten von reinem Stickstoff mit 0,01 n propanolischer Natronlauge titriert. Wegen der begrenzten Stabilität der Lösung muß die Titration sehr schnell durchgeführt werden.

2) Ergebnisse

Zunächst sind - wiederum an den in Tabelle 1 und 4 benutzten, <u>unfraktionierten Perlonproben</u> - die Ergebnisse in Tabelle 6 wiedergegeben und den Messungen von $KZ_{visk.}$ sowie KZ_{NH_2} als KZ_{COOH} gegenübergestellt.

Tabelle 6

Viskosimetrische, Amino- und Carboxyl-Endgruppenzahlen von unfraktionierten Perlonproben

Probe	$KZ_{visk.}$	KZ_{NH_2}	KZ_{COOH}
Perlongarn 1	1008	1983	<u>981</u>
Perlongarn 2	1003	2074	<u>991</u>
Perlongarn 3	978	2149	992
Perlongarn 4	1009	2161	1011
Perlon LR I (roh, unversponnen)	940	1100	1134
Perlon LF I (Flocke)	1003	1045	1011
Perlon LWO (roh, unversponnen)	618	<u>525</u>	<u>595</u>

Auf den ersten Blick erkennt man wieder den besonderen Charakter von <u>Perlon LWO</u>. Bei diesem Präparat liegt auch die KZ_{COOH} - nicht nur die KZ_{NH_2} - <u>unter</u> dem Wert von $KZ_{visk.}$. Alle 3 Werte verhalten sich größenordnungsmäßig so, wie dies theoretisch für alle Polyamide zu erwarten wäre. Es sei noch darauf hingewiesen, daß in Tabelle 6 auch die KZ_{COOH} - Werte von Perlongarn 1 und 2 dieser Bedingung genügen, nicht aber die entsprechenden KZ_{NH_2} - Werte.

Da die übrigen untersuchten Polyamide jedoch genau umgekehrte Werteverhältnisse zeigen, durch das Beispiel von Perlon LWO andererseits aber gezeigt wird, daß die von der Theorie geforderte Korrelation durchaus möglich ist, so ist der Schluß unabweislich, daß bei den anderen Präparaten noch zusätzliche Veränderungen hinzugekommen sein müssen, die sich dem Grundphänomen überlagern. Hierüber soll weiter unten mehr berichtet werden.

Bei den anderen Präparaten (außer Perlon LWO) erkennt man, daß die KZ_{COOH} - Werte den $KZ_{visk.}$ - Werten sehr nahe liegen und auf keinen Fall die großen Unterschiede aufweisen, die zwischen KZ_{NH_2}- und $KZ_{visk.}$- Werten bestehen. Dieser Befund hat sich seither auch auf anderen Gebieten bestätigt: er soll an dieser Stelle zunächst nur registriert werden.

Wir gehen über zu den Untersuchungen fraktionierter Polyamide analog Tabelle 2 und 5. Die Ergebnisse sind geordnet in Tabelle 3 und 8. Die Zahl der Fraktionierungen, an denen alle 3 Meßmethoden angewandt werden konnten, beschränkt sich nunmehr nur noch auf zwei (Versuche 5.1 und 5.2). Von allen anderen Präparaten waren die Materialmengen zu gering.

Deshalb sind in Tabelle 8 zwei weitere Fraktionierungen zusammengestellt, an denen zwar nur $KZ_{visk.}$ und KZ_{COOH} gemessen wurden, die aber trotzdem für unsere Überlegungen von besonderem Interesse sind.

Tabelle 7

Verschiedene Fraktionierungen ($KZ_{visk.}$ - KZ_{NH_2} - KZ_{COOH}) bei Perlon LWO

Fraktion Nr.	Versuch 5.1			Versuch 5.2		
	$KZ_{visk.}$	KZ_{NH_2}	KZ_{COOH}	$KZ_{visk.}$	KZ_{NH_2}	KZ_{COOH}
1	336	357	<u>320</u>	323	346	339
2	517	726	<u>515</u>	496	652	<u>489</u>
3	630	1515	674	516	1244	681
4	876	1062	936	770	2196	885
5	1208	2540	--	1079	2744	1321

Mittelwert (errechnet) $KZ_{visk.}$ <u>666</u>   <u>640</u>

KZ_{NH_2} <u>1042</u>   <u>820</u>

KZ_{COOH} --   <u>619</u>

Zunächst ist bemerkenswert, daß die KZ_{COOH} - Werte den $KZ_{visk.}$ - Werten erheblich näherliegen als den KZ_{NH_2} - Werten. Die Aminogruppen verhalten sich also ganz anders als die Carboxylgruppen. Da zu diesen Fraktionierungen das Präparat LWO benutzt wurde, dessen $KZ_{visk.}$ - Werte höher liegen als die chemischen Endgruppenwerte, so ist es interessant zu verfolgen, wie sich dies in den einzelnen Fraktionen auswirkt.

Tabelle 8

Weitere Fraktionierungen ($KZ_{visk.}$ - KZ_{COOH})
bei Perlon LWO

Fraktion Nr.	Versuch 4		Versuch 12	
	$KZ_{visk.}$	KZ_{COOH}	$KZ_{visk.}$	KZ_{COOH}
1	264	<u>261</u>	227	249
2	322	--	345	<u>252</u>
3	425	<u>354</u>	420	<u>279</u>
4	519	<u>501</u>	515	<u>435</u>
5	598	655	683	<u>592</u>
6	612	--	750	<u>731</u>
7	717	920	939	<u>918</u>
8	781	--	1193	<u>943</u>
9	834	1069		
10	1088	1270		

Bei Versuch 12 ist das Ergebnis tatsächlich so, daß bei 7 Fraktionen von 8 $KZ_{visk.}$ erheblich über KZ_{COOH} liegt, ein Ergebnis, das man, wie mehrfach erwähnt, eigentlich bei allen Polyamiden erwarten sollte.

Bei den übrigen Fraktionierungen (Versuch 5.1, 5.2 sowie 4) liegen im allgemeinen die niederen KZ_{COOH} - Werte bis etwa 500 unter den $KZ_{visk.}$ - Werten, erst in den höheren Fraktionen kehrt sich das Verhältnis um. Aber auch hier bleiben die Differenzen gering. Man kann also feststellen, daß bei unseren Fraktionierungsversuchen die Carboxyl-Kettgliederzahlen ziemlich nahe bei den viskosimetrischen liegen.

<u>Hierdurch wird aber die wichtige Tatsache offenbar, daß die Differenzen keineswegs auf einem grundsätzlichen Unterschied zwischen physikalischen Methoden einerseits und chemischen Methoden andererseits beruhen, sondern daß vielmehr die beiden chemischen Methoden unter sich meist sehr unterschiedliche Ergebnisse zeigen, während physikalische Viskosimetrie einerseits und chemische Carboxyl-Kettgliederzahl andererseits in vielen Fällen überraschend gut zusammenliegen.</u>

4. Verhalten extremer Fraktionen

Es war ein Ziel, das dieser Arbeit bei ihrer Durchführung gesetzt wurde, das Verhalten extremer Fraktionen miteinander zu vergleichen. Es haben sich jedoch während der experimentellen Durchführung so viele unerwartete, neue Befunde ergeben, daß dieses Ziel nur insoweit erreicht wurde, als man feststellen kann, in welchen Richtungen die Hauptunterschiede liegen.

Es muß jedoch damit gerechnet werden, daß diese verschiedenen Verhaltensweisen sich auf weitere Eigenschaftsänderungen, evtl. in den Fasereigenschaften, auswirken, und aus diesem Grunde sind solche Überlegungen keineswegs nur Betrachtungen am Rande, sondern sie betreffen möglicherweise Eigenschaftsveränderungen, die gerade in der textilen Verwendung besonders schwerwiegend sind. Einige Gesichtspunkte, die sich aus unseren Versuchen ergeben, seien hier angeführt.

a) Verschiedene Basizität extremer Fraktionen

Die Tatsache, daß die Zahl der freien Endgruppen bei kurzkettigen Fraktionen viel größer ist als bei langkettigen, wirkt sich auf die basischen bzw. sauren Eigenschaften aus. Es läßt sich zwar durch eine einfache Überlegung feststellen, daß z.B. die freien Aminoendgruppen bei langkettigen wie bei kurzkettigen Fraktionen gewichtsmäßig einen so minimalen Einfluß haben, daß rein vom Standpunkt der Bruttozusammensetzung aus, wie wir sie auf Grund der organischen Elementaranalyse berechnen, die möglichen Unterschiede meistens noch innerhalb der Fehlergrenzen der organischen Elementaranalyse liegen.

Es genügt hierfür die Überlegung, daß bei einer Kettgliederzahl von 1000, also einem Molekulargewicht (bei Perlon) von etwa 15000, auf je 15000 g (15 kg) Polyamid 16 g Aminoendgruppen entfallen. Das ist ungefähr nur 0,1 %. Wenn das Molekulargewicht auf den 4. Teil (4250) abnimmt, dann würde dieser Anteil auf 0,4 % zunehmen. Es ergibt sich also klar, daß rein analytisch gesehen die Menge dieser freien Aminogruppen in der Gesamtzusammensetzung der Makromoleküle überhaupt keine Rolle spielt.

Handelt es sich dagegen um die basischen Eigenschaften des Polyamids und damit um die Aufnahme eines sauren Farbstoffes, dann liegt eine auch dem Auge erkennbare färberische Verschiedenheit immerhin im Bereich der Möglichkeit, weil das Auge auf sehr feine Unterschiede in der Färbung reagiert und außerdem die von einer Aminoendgruppe aufgenommene Farbstoffmenge etwa das 10-fache ihres eigenen Molekulargewichtes (ca. 16) betragen dürfte.

Man erkennt hieraus Gründe dafür, daß im textilen Verhalten Substanzmengen eine wahrnehmbare Rolle spielen können, die mit gewöhnlichen analytischen Methoden gar nicht einwandfrei erfaßbar sind.

b) Verschiedenes Verhalten beim Umfällen

Wir haben in Zusammenhang mit unseren Fraktionierungen, über die oben ausführlich berichtet wurde, versucht, die Vergrößerung der KZ_{NH_2} - Werte, wie sie im Verlauf der Umfällungsprozesse beobachtet wurden, durch Umfällen zweier Fraktionen verschiedener mittlerer Kettenlänge von Perlon LRI zu rekonstruieren.

Zu diesem Zweck wurde von beiden Fraktionen je eine 1,5 proz. Lösung hergestellt und diese im Verhältnis von 1 : 2,5 mit Cyclohexan bei 25 °C versetzt. Unter diesem Konzentrationsverhältnis trat noch keine Fällung ein. Die Lösungen der beiden Fraktionen blieben nun bis zu 14 Tagen in Thermostaten bei 25 °C stehen. In gewissen Zeitabständen wurden Proben entnommen und an ihnen nach dem Ausfällen mit Äther die $KZ_{visk.}$ - und die KZ_{NH_2} - Werte bestimmt. Das Ergebnis zeigt Tabelle 9.

Tabelle 9

Alterung von 2 Fraktionen verschiedener mittlerer Kettenlänge von Perlon LRI in m-Kresol/Cyclohexan 1 : 2,5 bei 25 °C in 1,5 proz. Lösung

Fraktion $KZ_{visk.}$ = 426   Fraktion $KZ_{visk.}$ = 1920

Tage	$KZ_{visk.}$	KZ_{NH_2}	$KZ_{visk.}$	KZ_{NH_2}
0	426	599	1920	2831
2	448	585	1878	4262
5	449	576	2015	3888
8	439	607	1964	4164
12	483	605	1910	4050
14	458	597	--	--

Der Unterschied im Verhalten der kurzkettigen und der langkettigen Fraktion ist auffallend. Bei praktisch über 14 Tage gleichbleibenden $KZ_{visk.}$-Werten der beiden Versuchsreihen sind bei der kurzkettigen Fraktion auch die KZ_{NH_2} gleich geblieben, während bei der langkettigen Fraktion die KZ_{NH_2} - Werte schon nach 2 Tagen um ~ 1400 gestiegen sind und auf dieser Höhe während 12 Tagen fast unverändert bleiben. <u>Mit diesem Versuch ist ein verschiedenes chemisches Verhalten extremer Fraktionen nachgewiesen.</u> Über die Erforschung weiterer Zusammenhänge wird später berichtet.

IV. Veränderungen der Polyamide bei Behandlungen chemischer oder physikalischer Art

1. Allgemeines

Die bisherigen Ergebnisse dieser Untersuchungen haben überraschenderweise gezeigt, daß feinere Veränderungen chemischer Art an den Endgruppen keineswegs, wie dies immer behauptet wurde, gleichzeitig auch Viskositätsunterschiede verursachen müssen. Es wurde vielmehr ganz im Gegenteil festgestellt, daß Viskositätsänderungen erst bei verhältnismäßig starken Angriffen auftreten, daß also sehr bemerkenswerterweise in diesem Falle die chemischen Methoden wesentlich empfindlicher sind als die physikalischen.

Es ergibt sich hieraus die Möglichkeit, jede Methode unabhängig von den anderen zu beurteilen und damit ein erheblich vielseitigeres Zahlenmaterial zu erhalten, als wenn alle Methoden ungefähr dieselben Resultate zeigten.

2. Chemische Behandlungen

a) Umfällen

Wir haben bereits unter III. 4b, Tabelle 9 ein Beispiel dafür gegeben, daß beim Stehenlassen einer mit Cyclohexan bis kurz vor dem Ausfällungspunkt versetzten Kresollösung eines Polyamids bei einer langkettigen Fraktion eine Erhöhung der KZ_{NH_2} - Werte eintritt, während bei einer kurzkettigen Fraktion diese Werte nach genau derselben Behandlung konstant bleiben. Die $KZ_{visk.}$ - Werte bleiben in beiden Fällen unverändert. Das letztere bedeutet, daß eine Veränderung der mittleren Moleküllängen nicht erfolgt und daher auch kein chemischer Abbau eingetreten sein kann.

Um uns noch mehr Klarheit zu verschaffen, haben wir noch einige weitere

Versuche an unfraktioniertem Perlon LRI durchgeführt, um festzustellen, bei welchen Prozessen diese Erhöhung der KZ_{NH_2} - Werte auftritt.

Tabelle 10

Alterung von Perlon LRI in m-Kresol bei 25 °C in 1,5 proz. Lösung

Tage	$KZ_{visk.}$	KZ_{NH_2}
0	940	1100
1	973	1129
2	--	1176
4	1013	1129
8	995	1123
10	--	1139
11	--	1169
12	998	1129

Tabelle 10 zeigt die Ergebnisse einer Alterung in m-Kresol - Lösung ohne jeden weiteren Zusatz. Man sieht, daß alle Werte auch nach 12 Tagen unverändert geblieben sind. Demgegenüber wurde in Tabelle 11 der angesetzten m-Kresol-Lösung Cyclohexan im Verhältnis 1 : 2,5 zugesetzt. Es herrschten also dieselben Versuchsbedingungen wie bei der Behandlung der extremen Fraktionen in Tabelle 9.

Tabelle 11

Alterung von Perlon LRI in m-Kresol/Cyclohexan 1 : 2,5 bei 25 °C in 1,5 proz. Lösung

Tage	$KZ_{visk.}$	KZ_{NH_2}
0	940	1100
4	995	1247
7	1017	1317
13	1000	1268
18	--	1326

Der Zusatz von Cyclohexan hat demnach bewirkt, daß bei wiederum konstantem $KZ_{visk.}$ die KZ_{NH_2} - Werte deutlich schon nach 2 Tagen angestiegen sind. Der Anstieg ist nicht so hoch, wie er bei der langkettigen Fraktion in Tabelle 9 gefunden wurde. Das ist auch leicht erklärlich, da im unfraktionierten Perlon LRI kurze und lange Ketten nebeneinander vorhanden sind, und der mittlere $KZ_{visk.}$ - Wert 940 beträgt gegenüber $KZ_{visk.}$ 1920 bei der langkettigen Fraktion. Die Ergebnisse von Tabelle 11 ordnen sich daher zwanglos zwischen die von Tabelle 9 und Tabelle 10.

Es ist somit einwandfrei nachgewiesen worden, daß in 1,5 proz. Lösungen in m-Kresol allein eine Veränderung nicht stattfindet, daß eine Zunahme der KZ_{NH_2} - Werte nach Zusatz von Cyclohexan erfolgt, vorausgesetzt, daß langkettige Anteile vorhanden sind. Kurzkettige Anteile um $KZ_{visk.}$ 500 bleiben auch danach unverändert.

b) Behandlung mit Säuren

Sucht man nach den Ursachen für die beobachteten Tatsachen, dann ist es klar, daß eine Neutralisation der Aminoendgruppen mit Säuren einen ähnlichen Effekt, nämlich den Anstieg der KZ_{NH_2} - Werte, hervorrufen müßte.

Es wurde daher ein Perlongewebe, das 8 Stunden mit Methanol extrahiert worden war, während 48 Stunden in 0,005 n Salzsäure eingelegt (Flottenverhältnis 1 : 70). Dann wurden die Kennzahlen bestimmt.

Hierauf wurde das Perlongewebe in 5,18 proz. wässeriges Ammoniak gelegt, um die Salzsäure wieder abzuspalten und festzustellen, ob danach die Kennzahlen vor dem Versuch wieder erreicht wurden. Die Ergebnisse zeigt Tabelle 12. Bei diesen Versuchen wurde Perlongewebe zunächst 8 Stunden mit Methanol extrahiert, danach 48 Stunden in 0,005 n Salzsäure, Flottenverhältnis 1 : 70, eingelegt. Die weitere Behandlung erfolgte mit 5,18 proz. Ammoniaklösung im Verhältnis 1 : 70 bei 70 °C unter Schütteln. Anschließend wurde 7 mal mit doppelt destilliertem (dd) Wasser ausgewaschen und danach 4 Stunden mit dd Wasser bei 98 °C behandelt. Schließlich wurde nochmals mit dd Wasser nachgewaschen.

Man erkennt, daß tatsächlich nach der Salzsäurebehandlung die KZ_{NH_2} sehr stark angestiegen ist, demnach die tirierbaren freien Aminogruppen fast völlig verschwunden sind. Das ist in diesem Falle der zu erwartende Effekt. Nach der Ammoniakbehandlung sind die freien Aminogruppen wieder vollständig in Freiheit gesetzt worden. Die KZ_{NH_2} - Werte stimmen mit denen des

Tabelle 12

Behandlung von Perlongewebe mit Salzsäure und Ammoniak

Zeit	Behandlung	$KZ_{visk.}$	KZ_{NH_2}
--	mit Methanol extrahiert	936	1821
--	mit 0,005 n Salzsäure behandelt	959	<u>6243</u>
2 Min."	5,18 proz. Ammoniak behandelt	963	1799
5 Min.	"	943	1840
30 Min.	"	949	1833
60 Min.	"	965	1807
6 Std.	"	956	1765
12 Std.	"	935	1688

Material <u>vor</u> der Salzsäurebehandlung innerhalb der unvermeidlichen Schwankungen wieder überein.

Haben wir somit die Salzbildung mit Säuren als einen möglichen Faktor erkannt, der die von uns bisher beobachtete Erhöhung der KZ_{NH_2} - Werte verursachen kann, so sind wir uns andererseits darüber klar, daß auch auf andere Weise, z.B. durch intramolekulare Kondensationen, Effekte entstehen können, die, rein analytisch betrachtet, dieselbe Wirkung haben wie die Neutralisation mit Säure, sich von dieser aber dadurch unterscheiden müßten, daß eine nachträgliche Behandlung mit Ammoniak die Zunahme der KZ_{NH_2} Werte nicht mehr rückgängig macht.

Selbstverständlich sind auch beide Wirkungen nebeneinander möglich. In diesem Falle müßte eine nachträgliche Ammoniakbehandlung zwar eine Herabsetzung der KZ_{NH_2} - Werte verursachen, die aber nicht bis zum Ausgangswert des unbehandelten Materials ginge, sondern auf einem höheren Wert stehen bliebe. Wir lassen hierbei die Frage nach der Herkunft einer solchen Säure zunächst undiskutiert und überlegen lediglich die verschiedenen, experimentell nachprüfbaren Möglichkeiten.

c) Untersuchungen an Fraktionierungsversuchen

Um die obengenannten Möglichkeiten experimentell nachzuprüfen, haben wir 2 Fraktionierungsversuche in der Weise untersucht, daß die $KZ_{visk.}$ - und die KZ_{NH_2} - Werte an den einzelnen Fraktionen <u>vor und nach</u> einer 24-stündigen

Behandlung mit 5 proz. Ammoniaklösung bei 70 °C gemessen wurden. Die Ergebnisse zeigt Tabelle 13.

T a b e l l e 13

Fraktionierungen von Perlon LRI.

Nachbehandlung mit 5 proz. Ammoniak bei 70 °C während 24 Stunden

Versuch Nr.	Perlon LRI			
	unbehandelt		nach Ammoniakbehandlung	
	$KZ_{visk.}$	KZ_{NH_2}	$KZ_{visk.}$	KZ_{NH_2}
A 2 1	541	851	534	791
2	900	1626	804	1503
3	1097	2626	1057	2450
4	1393	nicht meßbar	1373	2909
5	1943	nicht meßbar	--	4745
A 3 1	444	744	527	731
2	755	1649	825	1464
3	1026	4157	1063	2258
4	1425	nicht meßbar	1395	3247
5	2033	nicht meßbar	1842	4623

Betrachten wir zunächst den Versuch A 2. Bezüglich ihrer Viskositätswerte unterscheiden sich die Ergebnisse bei den 5 Fraktionen vor und nach der Ammoniakbehandlung überhaupt nicht.

Bei der Bestimmung der KZ_{NH_2} - Werte bestätigt sich bei den unbehandelten Fraktionen die wesentlich höhere Lage gegenüber den $KZ_{visk.}$ - Werten, wie wir dies immer wieder gefunden haben. Bei den Fraktionen A 2, 4 und 5 sind praktisch überhaupt keine freien, titrierbaren Aminoendgruppen mehr nachweisbar.

Nach der Ammoniakbehandlung sind die KZ_{NH_2} - Werte durchweg abgesunken, auch die Fraktionen A 2, 4 und 5 sind nunmehr noch meßbar. Die Werte sind aber keineswegs so weit abgesunken, daß sie auch nur annähernd an die $KZ_{visk.}$ - Werte herankämen; das bedeutet, daß die höheren KZ_{NH_2} - Werte nur zu einem geringen Teil durch Neutralisation mit einer Säure zu erklären sind; die hauptsächliche Ursache muß also offenbar anderer Art sein.

Der Versuch A 3 zeigt gegenüber A 2 in den $KZ_{visk.}$ - Werten kleine Veränderungen. Die Veränderung ist aber nur bei Fraktion 5 wesentlich (Differenz - 191), bei den anderen Fraktionen ist sie kleiner als 100 und liegt damit innerhalb der unvermeidlichen Schwankungen. Wir können also auch hier (mit Ausnahme von Fraktion 5) keine wesentlichen Veränderungen feststellen.

Demgegenüber zeigen die KZ_{NH_2} - Werte fast genau denselben Gang wie bei Versuch A 2. Das oben Gesagte gilt also auch hier. Man kann also im ganzen feststellen, daß die Befunde der Tabelle 13 sich wesentlich von denen der Tabelle 12 unterscheiden und eine reine Salzbildung mit Säure hier keinesfalls zur Erklärung ausreicht.

3. Physikalische Behandlungen

a) Allgemeines

Die wichtigste physikalische Behandlung, die hier in Frage kommt, ist die Einwirkung von Wärme. Damit kommen wir auf das in der Textiltechnik so überaus wichtige Gebiet der sog. Thermofixierung. Wir haben bereits in der Einleitung diese Zusammenhänge erläutert und können uns an dieser Stelle weitere Hinweise auf die Bedeutung für die Praxis sparen.

Unsere Untersuchungen auf diesem Gebiet haben nun überraschenderweise gezeigt, daß die Beobachtungen, die wir bei der Fraktionierung und beim Umfällen bzgl. der Konstanz von $KZ_{visk.}$ einerseits und dem Ansteigen der KZ_{NH_2} - Werte andererseits gemacht haben, sich in gleicher Weise bei der thermischen Behandlung (Thermofixierung) bestätigen.

Es ist unmöglich, im Rahmen dieser Arbeit unsere Ergebnisse auf dem Gebiet der thermischen Behandlungen in voller Ausführlichkeit wiederzugeben. Wir können hier nur über die hauptsächlichsten Befunde berichten.

Rein technisch gesehen, dient die Thermofixierung drei Zielen,

1) die Krumpfung beim Waschen und Bügeln zu verhindern, das Gewebe also zu stabilisieren.

2) das Knittern möglichst auszuschalten, die Ware also formbeständig zu machen.

3) den Griff der Ware, evtl. unter Zusatz bestimmter Stoffe, hart oder weich, steif oder schmiegsam zu machen.

Diese drei Punkte sind nicht etwa nur auf wechselnde unkontrollierbare modische Einflüsse zurückzuführen, sie stellen vielmehr die Grundlage für eine vielseitige Verwendbarkeit und damit steigenden Umsatz des Perlons dar.

Lassen sich diese technischen Forderungen mit den Forschungsergebnissen, wie sie vorher mitgeteilt wurden, in Verbindung bringen, dann ergeben sich neue Perspektiven für die gesamten Ausrüstungsfragen dieser Fasern und ferner Möglichkeiten, diese Vorgänge messend und analysierend zu verfolgen.

Tabelle 14

Thermofixierung von Perlongewebe bei steigenden Temperaturen in heißer Luft während 15 Sek.

Material	Versuch Nr.	Fixiertemp.	$KZ_{visk.}$	KZ_{NH_2}	KZ_{COOH}
Perlongewebe, Kette und Schuß Titer 45/9 den. Drehung/m Kette 354 Schuß 315 Fadendichte: Kette 49/cm Schuß 36/cm	A	--	905	1380	902
fixiert	B	150 °C	921	1360	979
"	C	160 °C	951	1360	997
"	D	170 °C	961	1370	987
"	E	180 °C	954	1420	1020
"	F	185 °C	937	1430	1010
"	G	187 °C	920	1560	950
"	H	189 °C	911	1650	918
"	I	190 °C	935	1700	912
"	K	190 °C	921	2310	942
"	L	190 °C	903	2270	866
"	M	210 °C	791	3530	855

b) Thermofixierung in heißer Luft

Wir zeigen zunächst in Tabelle 14 einen Betriebsversuch – durchgeführt am Spannrahmen – zur Thermofixierung von Perlon in heißer Luft bei steigenden

Temperaturen. Es wurden von den behandelten Proben die Kettgliederzahlen, und zwar $KZ_{visk.}$ - KZ_{NH_2} - KZ_{COOH} in derselben Weise, wie sie unter III. 2 a) (S. 13), III. 3 a, 1) (S. 17) und III. 3 b, 1) (S. 21) beschrieben sind, bestimmt.

Bei einem Vergleich z.B. mit Tabelle 7 (S. 23) stellt man eine völlige Analogie fest: $KZ_{visk.}$ und KZ_{COOH} fast übereinstimmend, KZ_{NH_2} demgegenüber wesentlich höher liegend. Außerdem sind die Viskositätswerte bis etwa 190 °C konstant und liegen in ihrer Höhe sehr ähnlich den 6 oberen Perlonproben von Tabelle 4 (S. 19). Ab $\sim$ 185 °C beginnt die Erweichung und damit der durchgreifende Thermofixierungseffekt. Die KZ_{NH_2} - Werte reagieren ab 185 °C sehr deutlich durch ein langsames Ansteigen, ab 190 °C sinkt dann auch die Viskosität. Es handelt sich hier um einen thermischen Abbau, der aber erst bei einer klaren Überhitzung auftritt, während das Verschwinden von Aminoendgruppen schon ab 185 °C beobachtet wird, wo die Viskosität sich noch nicht ändert. Das Anwachsen der KZ_{NH_2} - Werte ist also das feinste Kriterium für die Veränderungen beim Thermofixieren und sonstigen thermischen Behandlungen.

In Abbildung 1 sind die Ergebnisse der Tabelle 14 nochmals graphisch dargestellt.

Man erkennt sehr deutlich, daß bis 185 °C alle Werte ziemlich konstant sind, während nach Überschreiten dieser Temperaturen zuerst die Aminoendgruppen und ab 190 °C die Carboxylendgruppen und die Viskosität reagieren.

c) Thermofixierung mit Sattdampf

Eine weitere Fixierungsmethode arbeitet mit <u>Sattdampf</u> bei 140 °C während 30 - 40 Minuten. Es ist bekannt, daß diese Arbeitsweise sehr viel milder ist und eine Ware mit weichem Griff liefert. Sie wird bei der Herstellung der sog. Helanca-Garne mit besonders hoher Elastizität angewandt. Auch derart im Betriebsversuch behandelte Perlongewebe und -Garne haben wir untersucht; die Ergebnisse zeigt Tabelle 15.

Die Analysen bestätigen den milden Ablauf einer so durchgeführten Sattdampffixierung, denn die Kennzahlen vor und nach der Fixierung sind beim Gewebe wie beim Garn unverändert. Man kann also im Gegensatz zu der Heißluftbehandlung bei 60 °C während 15 Sekunden feststellen, daß diese Sattdampffixierung keinerlei nachweisbare chemische Veränderungen hervorruft.

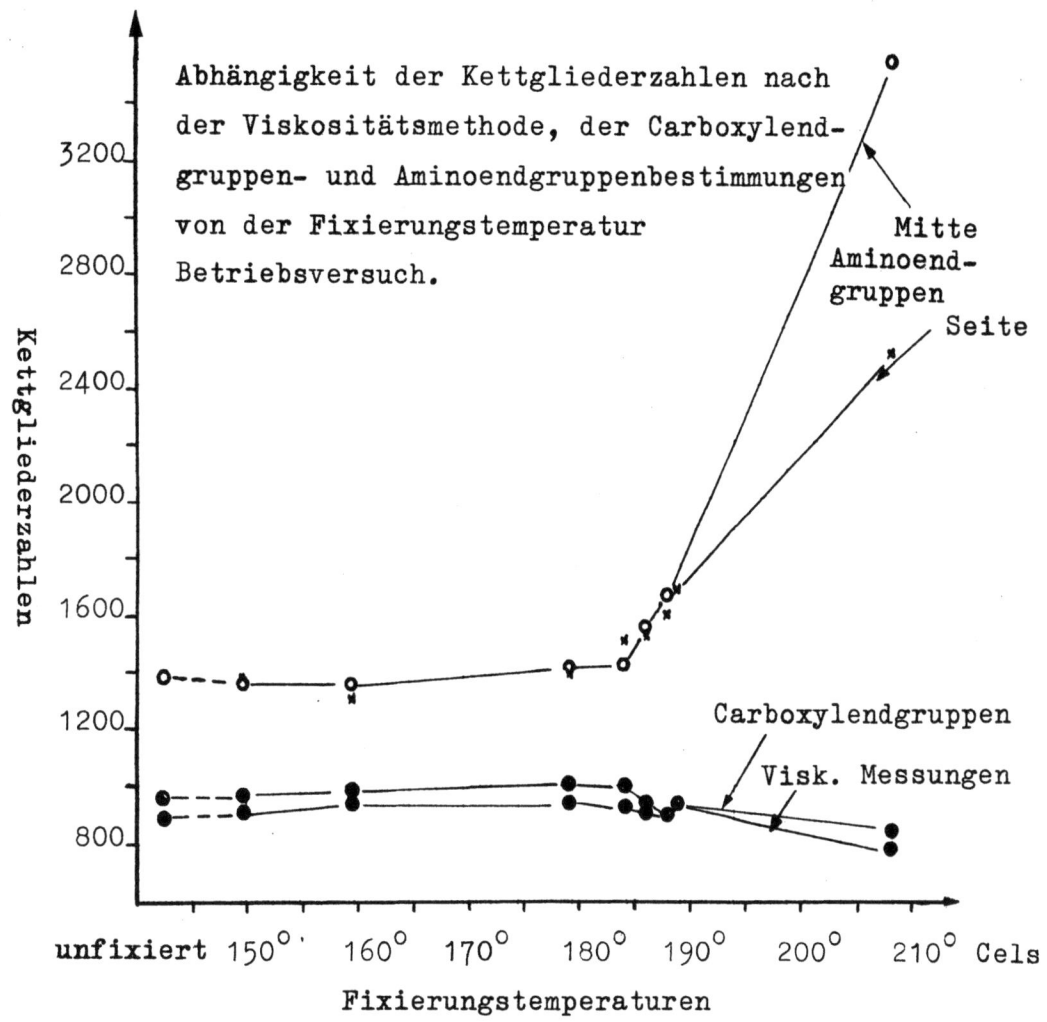

Abbildung 1

Tabelle 15

Thermofixierung von Perlongewebe und Perlongarn
mit Sattdampf bei 130 °C, 30 - 40 Minuten

Nr.	Muster	$KZ_{visk.}$	KZ_{NH_2}	KZ_{COOH}
A	Perlongewebe, stuhlroh	1000	1150	1130
B	Perlongewebe, fixiert Sattdampf	1000	1200	1080
E	Perlongarn, unfixiert	1060	1640	1130 / 1240
F	Perlongarn, fixiert Sattdampf	1050	1650	1150 / 1240

Geht man allerdings mit der Temperatur des Dampfes höher herauf, z.B. auf 160 °C, so tritt ein deutlicher Abbau unter starker Viskositätsverringerung auf.

4. Chemische Untersuchung der bei den thermischen Behandlungen aufgetretenen Veränderungen

Es wurde bereits die auffallende Tatsache erwähnt, daß die Veränderungen während des Umfällens oder beim Fraktionieren durchaus ähnlich den durch thermische Behandlungen hervorgerufenen Veränderungen sind. Dies bezieht sich besonders auf die Erhöhung der KZ_{NH_2} - Werte bei praktisch konstant bleibenden $KZ_{visk.}$ - Werten.

Die Möglichkeit ist nicht von der Hand zu weisen, daß beim Erhitzen saure Gruppen entstehen bzw. frei werden, die ähnlich wie Salzsäure (Tabelle 12, S. 30) die Aminoendgruppen lediglich neutralisieren, aber keine tiefergehenden Wirkungen entfalten. In diesem Falle müßten die vor dem Thermofixieren gemessenen KZ_{NH_2} - Werte nach einer Ammoniakbehandlung (Tabelle 12) sich wieder zurückbilden.

Tabelle 16 zeigt einen derartigen Versuch.

Tabelle 16

Ammoniakbehandlung von thermofixiertem Perlongewebe
(mit 5 proz. Ammoniak bei 70 °C 6 Stunden behandelt
und mit dd-Wasser 95 °C 4 Stunden gewaschen)

Fixier-temperatur	$KZ_{visk.}$	KZ_{NH_2}	mit Ammoniak behandelt $KZ_{visk.}$	KZ_{NH_2}
190 °C	921	2300	895	1932
210 °C	792	2510/3530	769	2359

Man erkennt auch hier wieder, daß bei 190 °C die Viskosität unverändert bleibt, der KZ_{NH_2} - Wert nach der Ammoniakbehandlung zwar abgesunken, aber keinesfalls auf den Ausgangswert von ∼ 1380 (Tabelle 14, Seite 33) zurückgegangen ist. Bei 210 °C kommt ein deutlicher Abbau, an der Viskositätsverminderung erkennbar, hinzu. Auch hier hat die Ammoniakbehandlung keinen Einfluß auf die Viskosität, wohl aber in beschränktem Umfang auf den KZ_{NH_2} - Wert.

5. Versuch einer Deutung der Resultate

Das wichtigste Ergebnis unserer Untersuchungen ist der Befund, daß Perlon nachweisbare feinere chemische Veränderungen erleiden kann, die in der Viskositätsmessung nicht zum Ausdruck kommen.

Bei der Fraktionierung durch Fällung aus m-Kresollösungen mit Cyclohexan tritt eine Verminderung der freien, titrierbaren Aminoendgruppen ein.

Die gegen chemische Einflüsse empfindlichen Gruppen sind die Säureamidbindungen - CO - NH_2 - sowie die freien Endgruppen - NH_2 und - COOH.

Es ist verschiedentlich in der Literatur auf derartige Reaktionsmöglichkeiten, sowohl zwischen 2 Molekülen als auch am Ende eines einzigen Moleküls hingewiesen worden. KOVÁCS, KÖNYVES und CSÁSZÁR[2] besprechen bei der Bildung einer Anhydropolyasparaginsäure eine intramolekulare Reaktionsmöglichkeit dieser Art.

Direkte Beobachtungen über cyclisch gebaute Endgruppen bei Polyamiden stammen von PEERMANN, TOLBERG und WITTCOFF[3]. Hier werden folgende Möglichkeiten diskutiert:

$$\text{A)} \quad -R-\underset{O}{C}-NH\cdot CH_2\cdot CH_2\cdot NH_2 \longrightarrow -R-C=N \atop \qquad\qquad\qquad\qquad\qquad | \quad\; | \atop \qquad\qquad\qquad\qquad\qquad\;\; CH_2 + H_2O \atop \qquad\qquad\qquad\qquad NH-CH_2$$

<u>Imidazolinring</u>

$$\text{B)} \quad -R-\underset{O}{C}-NH\cdot CH_2\cdot CH_2\cdot CH_2\cdot NH_2 \longrightarrow -R-C=N \atop \qquad\qquad\qquad\qquad\qquad\qquad\; NH \quad CH_2 + H_2O \atop \qquad\qquad\qquad\qquad\qquad\quad\; | \qquad | \atop \qquad\qquad\qquad\qquad\qquad\;\; CH_2-CH_2$$

<u>Tetrahydropyrimidinring</u>

Diese Reaktionsschemata treffen naturgemäß nur für kurze Ketten zu; die Reaktion findet unter Austritt von Wasser statt.

ACHHAMMER, REINHART und KLINE[4] besprechen Reaktionsschemata zwischen 2 Molekülen ohne und mit Austritt von Wasser

---

2. Naturwissenschaften 41 (1954) S. 575
3. Journ. Amer. Chem. Soc. 76 (1954) S. 6085
4. Journ. Applied Chem. 1 (1951) S. 301

C)
```
    OC    HN-              HO . C - N -
    |     |         →           |   |
   -NH    CO                  - NH   CO
          |                         |
```

D)
```
   - N - C -           - N = C -              - N = C -
     H   O               O                      
     O   H               H   H                  O
   - C - N -             O                      / \    + H₂O
                       - C = N -              - C = N -
```

An gefalteten Molekülen wären solche oder ähnliche Reaktionen auch intramolekular möglich.

Wir geben diese Schemata nur als Beispiele, ohne behaupten zu wollen, daß sie direkt auf unsere Beobachtungen anzuwenden seien.

Daß in unserem Falle eine solche Reaktion zwischen mehreren Molekülen stattfinden sollte, ist deshalb unwahrscheinlich, weil dann die Zahl der freien Moleküle vermindert und dadurch die Viskosität beeinflußt würde. Das ist aber nach unseren Beobachtungen nicht der Fall.

Eine andere Frage wäre es allerdings, wenn ein recht kurzes Kettenmolekül sich etwa nach E) (ähnlich C) an die primäre Aminoendgruppe eines sehr langen Moleküls anhängen würde.

E)
```
           OC      HNH                HO . C - NH
           |        |           →         |    |
    kurz - NH      CH₂            kurz - NH   CH₂
                    |                          |
                   lang                       lang
```

Dann könnte u.U. die Wirkung einer kurzen Seitenkette auf die Gesamtviskosität von geringer Wirkung sein, zumal, wenn man den prozentual äußerst geringen Anteil an primären Aminoendgruppen berücksichtigt (vgl. S. 24 und 41). An dieser Stelle genügt es, auf die erwähnten Möglichkeiten hinzuweisen, um darzulegen, wie das Verschwinden von titrierbaren Aminoendgruppen konstitutionschemisch denkbar erscheint.

Eine weitere auffallende Feststellung bedeutet unsere Beobachtung (Tabelle 9, S. 26), daß niedere Fraktionen ($KZ_{visk.}$ = 426) eines Perlonrohproduktes LRI beim Umfällen keinerlei Verschwinden von Aminoendgruppen auch nach 14-tägigem Stehen in m-Kresol/Cyclohexanollösung 1 : 2,5 ergaben, während dieselbe Behandlung bei einer anderen höhermolekularen Fraktion ($KZ_{visk.}$ = 1920) desselben Rohproduktes ein sehr weitgehendes Verschwinden der primären Aminoendgruppen verursacht. In beiden Fällen blieben die viskosimetrischen Kennzahlen wiederum konstant.

In dieselbe Richtung deuten auch die Versuchsergebnisse 5.1 und 5.2 (Tabelle 7, S. 23), wo bei den niederen Kettenlängen die Differenz zwischen $KZ_{visk.}$ und KZ_{NH_2} längst nicht so bedeutend ist wie bei den größeren Kettenlängen.

Da unsere Versuche vorerst auf eine allgemeinere Orientierung hin angelegt werden mußten, so war es nicht möglich, noch größere, zeitraubende Versuchsserien zu entwickeln. Dies soll in weiteren Untersuchungen geschehen.

Trotzdem kann man heute schon sagen, daß die Beständigkeit der primären Aminoendgruppen von kürzeren Kettenmolekülen, wie wir sie in der oben erwähnten Tabelle 9 festgestellt haben, sehr auffallend ist, nachdem wir in so vielen Fällen bei Anwesenheit längerer Kettenmoleküle immer wieder die Empfindlichkeit der Aminoendgruppen feststellen mußten.

Eine weitere Schwierigkeit für die Deutung der Erscheinungen liegt darin, daß weitaus die Mehrzahl freier Aminoendgruppen in kurzen und mittleren Kettenlängen vorkommen müssen, wogegen die langkettigen Moleküle prozentual erheblich weniger von diesen Gruppen enthalten.

Schließlich ist noch zu berücksichtigen, daß eine Reaktion zwischen freien Aminoendgruppen und freien Carboxylendgruppen deshalb nicht in Frage kommen kann, weil diese letzteren von den Veränderungen, denen die Aminoendgruppen unterliegen, weitgehend unberührt bleiben.

Bisher ist man überwiegend der Ansicht gewesen, daß die kurzkettigen Bestandteile, nämlich die monomeren, dimeren usw., ganz allgemein die sog. Oligomeren die hauptsächlichsten Unregelmäßigkeiten verursachen. Deshalb ist man auch stets darauf bedacht, diese Bestandteile durch Auskochen mit Wasser zu entfernen oder aber auch durch geeignete Lenkung der Kondensationsreaktion ihr Entstehen möglichst zu verhindern.

Unsere Versuche lassen nun aber zusätzlich die Vermutung berechtigt erscheinen, daß die langkettigen Anteile, die sog. Megameren, infolge der leichten Veränderlichkeit ihrer Aminoendgruppen ebenfalls ein besonderes Interesse verdienen.

Wenn wir auch auf Grund der kleinen Zahl unserer bisherigen Versuche noch keine weitgehenden theoretischen Folgerungen ziehen können, so scheint uns doch eine Überlegung berechtigt, worauf diese Unterschiede zwischen kurzkettigen und langkettigen Bestandteilen beruhen könnten.

Alle bisherigen Untersuchungen gehen von der Voraussetzung aus, daß die Kondensationsreaktion vom monomolekularen Caprolaktam über die kurzen Ketten zu den mittleren Kettenlängen und von da zu langen Ketten immer in derselben Weise erfolgt.

Es könnte aber ebenso gut sein, daß bei der Bildung längerer Ketten gewisse Unregelmäßigkeiten auftreten und zwar besonders in der Richtung, daß kurze Ketten den langen sich irgendwie assoziieren und danach nicht ohne Schwierigkeit wieder abtrennbar sind.

Wir haben bereits früher im Forschungsbericht Nr. 64 auf S. 27, Abbildung 11, gezeigt, daß die Einhaltung einer höheren Lösetemperatur von 80 °C während 24 Stunden in m-Kresol einen sehr viel besseren Trennungseffekt ergibt, als wenn man während derselben Zeit bei 40 °C bzw. 60 °C arbeitet. Es werden unter diesen Umständen (bei 80 °C) niedermolekulare Anteile in erheblich größerer Menge abgetrennt, so daß danach die höchsten Fraktionen eine Zunahme der $KZ_{visk.}$ erfahren. Dieser Versuch bestätigt den Verdacht, daß kurze Molekülketten an den langen haften. Da ferner die kurzen Ketten allein unter sich offenbar nicht reagieren (Tabelle 9, S. 26), so muß man vorläufig annehmen, daß erst das Zusammenwirken von kurzen und langen Ketten die hier beobachteten Wirkungen ergibt. Man kann dies auch damit zu klären versuchen, daß die kurzen Ketten für die langen als Weichmacher bzw. Quellungsmittel dienen.

Wenn wir schließlich bedenken welche geringe Rolle die Aminoendgruppen gewichtsmäßig spielen (vgl. S. 25), so ist es begreiflich, daß die hier beschriebenen Veränderungen bisher wenig beachtet worden sind. Es wurde aber bereits oben betont, daß sie trotzdem für die Beurteilung der färberischen Eigenschaften und damit für technisch sehr bedeutsame Prozesse keineswegs gleichgültig zu sein brauchen.

Aus allen diesen Überlegungen ergeben sich Hinweise, wie man weiter wird vorgehen müssen. Zunächst kommt es darauf an, kurzkettige und langkettige

Fraktionen in genügender Menge zu gewinnen und ihr Verhalten zu vergleichen. Auf diese Weise wird es möglich sein, festzustellen, inwieweit sich die Ergebnisse dieser Arbeit verallgemeinern lassen.

Für die Deutung der thermischen Veränderungen ist die aufgefundene Analogie mit den Vorgängen beim Umfällen und Fraktionieren von großem Interesse. Auch hier sind es die primären Aminogruppen, die zuerst reagieren.

Man kann auf diese Weise das <u>Arbeiten von Maschinen zur Thermofixierung</u> durch Einführung geeigneter Perlongewebe und die analytische Untersuchung des fixierten Gewebes im Vergleich zu dem unfixierten kontrollieren (vgl. Tabelle 14, S. 33). Weitere derartige Versuche sind im Gange.

Schließlich sind auch <u>färberische Untersuchungen</u> eingeleitet, um die beobachteten chemischen Veränderungen in ihren Auswirkungen auf die Färbeprozesse zu prüfen.

Die Ergebnisse dieser Arbeit haben somit gezeigt, daß die Probleme auf dem Gebiet der Polyamide komplizierter sind, als dies bisher vermutet wurde. Eine möglichst weitgehende Aufklärung der Zusammenhänge ist daher für die Praxis von besonderer Bedeutung.

V. Zusammenfassung

1) Verschiedene Fraktionierungsmethoden werden beschrieben und ihre Bedeutung für die Erkenntnis feinerer Unterschiede der Perlonfasern erläutert.

2) Die Untersuchung der Fraktionen ergab, daß die Viskositätsmessung im allgemeinen zuverlässig ist und daß die errechneten Mittelwerte der Fraktionen mit dem Mittelwert des Ausgangsproduktes vor der Fraktionierung übereinstimmt.

Neben der Viskositätsmessung, die als physikalische Methode ein Gewichtsmittel liefert, wurden die chemischen Methoden der Endgruppenbestimmung durchgeprüft, die Zahlenmittel liefern.

3) Es zeigte sich, daß die Viskositätsmessung als physikalische und die Carboxylendgruppenbestimmung als chemische Methode im Durchschnitt ähnliche Werte liefern, während die Aminoendgruppenbestimmung nur gelegentlich übereinstimmende Resultate, meistens aber starke Abweichungen ergibt, die auf ein Verschwinden von Aminoendgruppen schließen lassen.

Aus den Untersuchungsergebnissen bei verschiedenen Fraktionierungsversuchen hat sich gezeigt, daß bei niederen Fraktionen eine Verminderung der Aminoendgruppen während der Fraktionierung nicht oder nur in unbedeutendem Maße stattfindet, während bei den hohen langkettigen Fraktionen die Aminoendgruppen unter denselben Umständen fast völlig verschwinden.

4) Analoge Ergebnisse wurden bei der thermischen Behandlung (Thermofixierung) beobachtet. Auch hier verschwinden Aminoendgruppen, ohne daß die Viskosität sich ändert.

5) Diese hohe Empfindlichkeit der Aminoendgruppen wurde auf betriebsmäßig fixiertem Perlongewebe angewendet, und es wurde gezeigt, daß ein stärkeres Verschwinden von Aminoendgruppen an dem Punkt eintritt, wo der Erweichungspunkt des Perlons und damit die günstige Temperatur für die Thermofixierung liegt.

6) Auf diese Weise konnte man die Wirkung der Heißluftfixierung einerseits und der Sattdampffixierung andererseits deutlich voneinander unterscheiden.

7) Ein Verschwinden von Aminoendgruppen kann man auch durch Salzbindung mit Säure erreichen. Es wird gezeigt, daß ein mit Salzsäure neutralisiertes Perlongewebe durch Behandlung mit Ammoniak wieder in denselben Zustand zurückversetzt werden kann, wie es vor der Säurebehandlung war.

8) In Vergleichsversuchen kann man an thermofixierten Perlongeweben und auch an den ungefällten, veränderten Fraktionen zeigen, daß hier das Verschwinden der Aminoendgruppen durch Ammoniak nur zu einem kleinen Teil rückgängig gemacht werden kann. Das Verschwinden der Aminoendgruppen muß also in diesem Falle eine bisher noch nicht bekannte Ursache haben.

9) Es wird der Versuch gemacht, für die Ergebnisse eine Deutung auf konstitutionschemischer Grundlage zu finden.

                                               Prof. Dr. W. WELTZIEN
                                               Dr. G. COSSMANN
                                               P. DIEHL
                                               Textilforschungsanstalt Krefeld

FORSCHUNGSBERICHTE DES WIRTSCHAFTS- UND VERKEHRSMINISTERIUMS NORDRHEIN-WESTFALEN

Herausgegeben von Staatssekretär Prof. Leo Brandt

HEFT 1
Prof. Dr.-Ing. E. Flegler, Aachen
Untersuchungen oxydischer Ferromagnet-Werkstoffe
1952, 20 Seiten, DM 6,75

HEFT 2
Prof. Dr. W. Fuchs, Aachen
Untersuchungen über absatzfreie Teeröle
1952, 32 Seiten, 5 Abb., 6 Tabellen, DM 10,—

HEFT 3
Techn.-Wissenschaftl. Büro für die Bastfaserindustrie, Bielefeld
Untersuchungsarbeiten zur Verbesserung des Leinenwebstuhls
1952, 44 Seiten, 7 Abb., 3 Tabellen, DM 12,50

HEFT 4
Prof. Dr. E. A. Müller und Dipl.-Ing. H. Spitzer, Dortmund
Untersuchungen über die Hitzebelastung in Hüttebetrieben
1952, 28 Seiten, 5 Abb., 1 Tabelle, DM 9,—

HEFT 5
Dipl.-Ing. W. Fister, Aachen
Prüfstand der Turbinenuntersuchungen
1952, 40 Seiten, 30 Abb., 3 Schaltbilder, DM 1,—

HEFT 6
Prof. Dr. W. Fuchs, Aachen
Untersuchungen über die Zusammensetzung und Verwendbarkeit von Schwelteerfraktionen
1952, 36 Seiten, DM 10.50

HEFT 7
Prof. Dr. W. Fuchs, Aachen
Untersuchungen über emsländisches Petrolatum
1952, 36 Seiten, 1 Abb., 17 Tabellen, DM 10,50

HEFT 8
M. E. Meffert und H. Stratmann, Essen
Algen-Großkulturen im Sommer 1951
1953, 52 Seiten, 4 Abb., 20 Tabellen, DM 9,75

HEFT 9
Techn.-Wissenschaftl. Büro für die Bastfaserindustrie, Bielefeld
Untersuchungen über die zweckmäßige Wicklungsart von Leinengarnkreuzspulen unter Berücksichtigung der Anwendung hoher Geschwindigkeiten des Garnes
Vorversuche für Zetteln und Schären von Leinengarnen auf Hochleistungsmaschinen
1952, 48 Seiten, 7 Abb., 7 Tabellen, DM 9,25

HEFT 10
Prof. Dr. W. Vogel, Köln
„Das Streifenpaar" als neues System zur mechanischen Vergrößerung kleiner Verschiebungen und seine technischen Anwendungsmöglichkeiten
1953, 20 Seiten, 6 Abb., DM 4,50

HEFT 11
Laboratorium für Werkzeugmaschinen und Betriebslehre, Technische Hochschule Aachen
1. Untersuchungen über Metallbearbeitung im Fräsvorgang mit Hartmetallwerkzeugen und negativem Spanwinkel
2. Weiterentwicklung des Schleifverfahrens für die Herstellung von Präzisionswerkstücken unter Vermeidung hoher Temperaturen
3. Untersuchung von Oberflächenveredlungsverfahren zur Steigerung der Belastbarkeit hochbeanspruchter Bauteile
1953, 80 Seiten, 61 Abb., DM 15,75

HEFT 12
Elektrowärme-Institut, Langenberg (Rhld.)
Induktive Erwärmung mit Netzfrequenz
1952, 22 Seiten 6 Abb., DM 5,20

HEFT 13
Techn.-Wissenschaftl. Büro für die Bastfaserindustrie, Bielefeld
Das Naßspinnen von Bastfasergarnen mit chemischen Zusätzen zum Spinnbad
1953, 52 Seiten, 4 Abb., 19 Tabellen, DM 10,—

HEFT 14
Forschungsstelle für Acetylen, Dortmund
Untersuchungen über Aceton als Lösungsmittel für Acetylen
1952, 64 Seiten, 10 Abb., 26 Tabellen, DM 12,25

HEFT 15
Wäschereiforschung Krefeld
Trocknen von Wäschestoffen
1953, 48 Seiten, 14 Abb., 2 Tabellen, DM 9,—

HEFT 16
Max-Planck-Institut für Kohlenforschung, Mülheim a. d. Ruhr
Arbeiten des MPI für Kohlenforschung
1953, 104 Seiten, 9 Abb., DM 17,80

HEFT 17
Ingenieurbüro Herbert Stein, M.-Gladbach
Untersuchung der Verzugsvorgänge in den Streckwerken verschiedener Spinnereimaschinen. 1. Bericht: Vergleichende Prüfung mit verschiedenen Dickenmeßgeräten
1952, 36 Seiten, 15 Abb., DM 8,—

HEFT 18
Wäschereiforschung Krefeld
Grundlagen zur Erfassung der chemischen Schädigung beim Waschen
1953, 68 Seiten, 15 Abb., 15 Tabellen, DM 12,75

HEFT 19
Techn.-Wissenschaftl. Büro für die Bastfaserindustrie, Bielefeld
Die Auswirkung des Schlichtens von Leinengarnketten auf den Verarbeitungswirkungsgrad, sowie die Festigkeit und Dehnungsverhältnisse der Garne und Gewebe
1953, 48 Seiten, 1 Abb., 9 Tabellen, DM 9,—

HEFT 20
Techn.-Wissenschaftl. Büro für die Bastfaserindustrie, Bielefeld
Trocknung von Leinengarnen I
Vorgang und Einwirkung auf die Garnqualität
1953, 62 Seiten, 18 Abb., 5 Tabellen, DM 12,—

HEFT 21
Techn.-Wissenschaftl. Büro für die Bastfaserindustrie, Bielefeld
Trocknung von Leinengarnen II
Spulenanordnung und Luftführung beim Trocknen von Kreuzspulen
1953, 66 Seiten, 22 Abb., 9 Tabellen, DM 13,—

HEFT 22
Techn.-Wissenschaftl. Büro für die Bastfaserindustrie, Bielefeld
Die Reparaturanfälligkeit von Webstühlen
1953, 28 Seiten, 7 Abb., 5 Tabellen, DM 5,80

HEFT 23
Institut für Starkstromtechnik, Aachen
Rechnerische und experimentelle Untersuchungen zur Kenntnis der Metadyne als Umformer von konstanter Spannung auf konstanten Strom
1953, 52 Seiten, 20 Abb., 4 Tafeln, DM 9,75

HEFT 24
Institut für Starkstromtechnik, Aachen
Vergleich verschiedener Generator-Metadyne-Schaltungen in bezug auf statisches Verhalten
1952, 44 Seiten, 23 Abb., DM 8,50

HEFT 25
Gesellschaft für Kohlentechnik mbH., Dortmund-Eving
Struktur der Steinkohlen und Steinkohlen-Kokse
1953, 58 Seiten, DM 11,—

HEFT 26
Techn.-Wissenschaftl. Büro für die Bastfaserindustrie, Bielefeld
Vergleichende Untersuchungen zweier neuzeitlicher Ungleichmäßigkeitsprüfer für Bänder und Garne hinsichtlich ihrer Eignung für die Bastfaserspinnerei
1953, 64 Seiten, 30 Abb., DM 12,50

HEFT 27
Prof. Dr. E. Schratz, Münster
Untersuchungen zur Rentabilität des Arzneipflanzenanbaues Römische Kamille, Anthemis nobilis L.
1953, 16 Seiten, 1 Tabelle, DM 3,60

HEFT 28
Prof. Dr. E. Schratz, Münster
Calendula officinalis L. Studien zur Ernährung, Blütenfüllung und Rentabilität der Drogengewinnung
1953, 24 Seiten, 2 Abb., 3 Tabellen, DM 5,20

HEFT 29
Techn.-Wissenschaftl. Büro für die Bastfaserindustrie, Bielefeld
Die Ausnützung der Leinengarne in Geweben
1953, 100 Seiten, 14 Abb., 10 Tabellen, DM 17,80

HEFT 30
Gesellschaft für Kohlentechnik mbH., Dortmund-Eving
Kombinierte Entaschung und Verschwelung von Steinkohle; Aufarbeitung von Steinkohlenschlämmen zu verkokbarer oder verschwelbarer Kohle
1953, 56 Seiten, 16 Abb., 10 Tabellen, DM 10,50

HEFT 31
Dipl.-Ing. A. Stormanns, Essen
Messung des Leistungsbedarfs von Doppelsteg-Kettenförderern
1954, 54 Seiten, 18 Abb., 3 Anlagen, DM 11,—

HEFT 32
Techn.-Wissenschaftl. Büro für die Bastfaserindustrie, Bielefeld
Der Einfluß der Natriumchloridbleiche auf Qualität und Verwebbarkeit von Leinengarnen und die Eigenschaften der Leinengewebe unter besonderer Berücksichtigung des Einsatzes von Schützen- und Spulenwechselautomaten in der Leinenweberei
1953, 64 Seiten, 2 Abb., 12 Tabellen, DM 11,50

HEFT 33
Kohlenstoffbiologische Forschungsstation e. V.
Eine Methode zur Bestimmung von Schwefeldioxyd und Schwefelwasserstoff in Rauchgasen und in der Atmosphäre
1953, 32 Seiten, 8 Abb., 3 Tabellen, DM 6.50

HEFT 34
Textilforschungsanstalt Krefeld
Quellungs- und Entquellungsvorgänge bei Faserstoffen
1953, 52 Seiten, 13 Abb., 13 Tabellen, DM 9,80

WESTDEUTSCHER VERLAG · KÖLN UND OPLADEN

HEFT 35
Professor Dr. W. Kast, Krefeld
Feinstrukturuntersuchungen an künstlichen Zellulosefasern verschiedener Herstellungsverfahren.
Teil I: Der Orientierungszustand
1953, 74 Seiten, 30 Abb., 7 Tabellen, DM 13,80

HEFT 36
Forschungsinstitut der feuerfesten Industrie, Bonn
Untersuchungen über die Trocknung von Rohton
Untersuchungen über die chemische Reinigung von Silika- und Schamotte-Rohstoffen mit chlorhaltigen Gasen
1953, 60 Seiten, 5 Abb., 5 Tabellen, DM 11,—

HEFT 37
Forschungsinstitut der feuerfesten Industrie, Bonn
Untersuchungen über den Einfluß der Probenvorbereitung auf die Kaltdruckfestigkeit feuerfester Steine
1953, 40 Seiten, 2 Abb., 5 Tabellen, DM 7,80

HEFT 38
Forschungsstelle für Acetylen, Dortmund
Untersuchungen über die Trocknung von Acetylen zur Herstellung von Dissousgas
1953, 36 Seiten, 11 Abb., 3 Tabellen, DM 6,80

HEFT 39
Forschungsgesellschaft Blechverarbeitung e. V., Düsseldorf
Untersuchungen an prägegemusterten und vorgelochten Blechen
1953, 46 Seiten, 34 Abb., DM 9,50

HEFT 40
Landesgeologe Dr.-Ing. W. Wolff, Amt für Bodenforschung, Krefeld
Untersuchungen über die Anwendbarkeit geophysikalischer Verfahren zur Untersuchung von Spateisengängen im Siegerland
1953, 46 Seiten, 8 Abb., DM 8,80

HEFT 41
Techn.-Wissenschaftl. Büro für die Bastfaserindustrie, Bielefeld
Untersuchungsarbeiten zur Verbesserung des Leinenwebstuhles II
1953, 40 Seiten, 4 Abb., 5 Tabellen, DM 7,80

HEFT 42
Professor Dr. B. Helferich, Bonn
Untersuchungen über Wirkstoffe — Fermente — in der Kartoffel und die Möglichkeit ihrer Verwendung
1953, 58 Seiten, 9 Abb., DM 11,—

HEFT 43
Forschungsgesellschaft Blechverarbeitung e. V., Düsseldorf
Forschungsergebnisse über das Beizen von Blechen
1953, 48 Seiten, 38 Abb., 2 Tabellen, DM 11,30

HEFT 44
Arbeitsgemeinschaft für praktische Dehnungsmessung, Düsseldorf
Eigenschaften und Anwendungen von Dehnungsmeßstreifen
1953, 68 Seiten, 43 Abb., 2 Tabellen, DM 13,70

HEFT 45
Losenhausenwerk Düsseldorfer Maschinenbau AG, Düsseldorf
Untersuchungen von störenden Einflüssen auf die Lastgrenzenanzeige von Dauerschwingprüfmaschinen
1953, 36 Seiten, 11 Abb., 3 Tabellen, DM 7,25

HEFT 46
Prof. Dr. W. Fuchs, Aachen
Untersuchungen über die Aufbereitung von Wasser für die Dampferzeugung in Benson-Kesseln
1953, 58 Seiten, 18 Abb., 9 Tabellen, DM 11,20

HEFT 47
Prof. Dr.-Ing. K. Krekeler, Aachen
Versuche über die Anwendung der induktiven Erwärmung zum Sintern von hochschmelzenden Metallen sowie zur Anlegierung und Vergütung von aufgespritzten Metallschichten mit dem Grundwerkstoff
1954, 66 Seiten, 39 Abb., DM 13,90

HEFT 48
Max-Planck-Institut für Eisenforschung, Düsseldorf
Spektrochemische Analyse der Gefügebestandteile in Stählen nach ihrer Isolierung
1953, 38 Seiten, 8 Abb., 5 Tabellen, DM 7,80

HEFT 49
Max-Planck-Institut für Eisenforschung, Düsseldorf
Untersuchungen über Ablauf der Desoxydation und die Bildung von Einschlüssen in Stählen
1953, 52 Seiten, 19 Abb., 3 Tabellen, DM 12,40

HEFT 50
Max-Planck-Institut für Eisenforschung, Düsseldorf
Flammenspektralanalytische Untersuchung der Ferritzusammensetzung in Stählen
1953, 44 Seiten, 15 Abb., 4 Tabellen, DM 8,60

HEFT 51
Verein zur Förderung von Forschungs- und Entwicklungsarbeiten in der Werkzeugindustrie e. V., Remscheid
Untersuchungen an Kreissägeblättern für Holz, Fehler- und Spannungsprüfverfahren
1953, 50 Seiten, 23 Abb., DM 10,—

HEFT 52
Forschungsstelle für Acetylen, Dortmund
Untersuchungen über den Umsatz bei der explosiblen Zersetzung von Azetylen
a) Zersetzung von gasförmigem Azetylen
b) Zersetzung von an Silikagel adsorbiertem Azetylen
1954, 48 Seiten, 8 Abb., 10 Tabellen, DM 9,25

HEFT 53
Professor Dr.-Ing. H. Opitz, Aachen
Reibwert und Verschleißmessungen an Kunststoffgleitführungen für Werkzeugmaschinen
1954, 38 Seiten, 18 Abb., DM 8,20

HEFT 54
Professor Dr.-Ing. F. A. F. Schmidt, Aachen
Schaffung von Grundlagen für die Erhöhung der spez. Leistung und Herabsetzung des spez. Brennstoffverbrauches bei Ottomotoren mit Teilbericht über Arbeiten an einem neuen Einspritzverfahren
1954, 34 Seiten, 15 Abb., DM 7,40

HEFT 55
Forschungsgesellschaft Blechverarbeitung e. V. Düsseldorf
Chemisches Glänzen von Messing und Neusilber
1954, 50 Seiten, 21 Abb., 1 Tabelle, DM 10,20

HEFT 56
Forschungsgesellschaft Blechverarbeitung e. V., Düsseldorf
Untersuchungen über einige Probleme der Behandlung von Blechoberflächen
1954, 52 Seiten, 42 Abb., DM 11,20

HEFT 57
Prof. Dr.-Ing. F. A. F. Schmidt, Aachen
Untersuchungen zur Erforschung des Einflusses des chemischen Aufbaues des Kraftstoffes auf sein Verhalten im Motor und in Brennkammern von Gasturbinen
1954, 70 Seiten, 32 Abb., DM 14,60

HEFT 58
Gesellschaft für Kohlentechnik mbH., Dortmund
Herstellung und Untersuchung von Steinkohlenschwelteer
1954, 74 Seiten, 9 Abb., 9 Tabellen, DM 13,75

HEFT 59
Forschungsinstitut der Feuerfest-Industrie e. V., Bonn
Ein Schnellanalysenverfahren zur Bestimmung von Aluminiumoxyd, Eisenoxyd und Titanoxyd in feuerfestem Material mittels organischer Farbreagenzien auf photometrischem Wege
Untersuchungen des Alkali-Gehaltes feuerfester Stoffe mit dem Flammenphotometer nach Riehm-Lange
1954, 62 Seiten, 12 Abb., 3 Tabellen, DM 11,60

HEFT 60
Forschungsgesellschaft Blechverarbeitung e. V., Düsseldorf
Untersuchungen über das Spritzlackieren im elektrostatischen Hochspannungsfeld
1954, 82 Seiten, 53 Abb., 7 Tabellen, DM 17,—

HEFT 61
Verein zur Förderung von Forschungs- und Entwicklungsarbeiten in der Werkzeugindustrie e. V., Remscheid
Schwingungs- und Arbeitsverhalten von Kreissägeblättern für Holz
1954, 54 Seiten, 31 Abb., DM 11,40

HEFT 62
Professor Dr. W. Franz, Institut für theoretische Physik der Universität Münster
Berechnung des elektrischen Durchschlags durch feste und flüssige Isolatoren
1954, 36 Seiten, DM 7,—

HEFT 63
Textilforschungsanstalt Krefeld
Neue Methoden zur Untersuchung der Wirkungsweise von Textilhilfsmitteln
Untersuchungen über Schlichtungs- und Entschlichtungsvorgänge
1954, 34 Seiten, 1 Abb., 5 Tabellen, DM 6,80

HEFT 64
Textilforschungsanstalt Krefeld
Die Kettenlängenverteilung von hochpolymeren Faserstoffen
Über die fraktionierte Fällung von Polyamiden
1954, 44 Seiten, 13 Abb., DM 8,60

HEFT 65
Fachverband Schneidwarenindustrie, Solingen
Untersuchungen über das elektrolytische Polieren von Tafelmesserklingen aus rostfreiem Stahl
1954, 90 Seiten, 38 Abb., 9 Tabellen, DM 17,35

HEFT 66
Dr.-Ing. P. Füsgen VDI †, Düsseldorf
Untersuchungen über das Auftreten des Ratterns bei selbsthemmenden Schneckengetrieben und seine Verhütung
1954, 32 Seiten, 5 Abb., DM 6,60

HEFT 67
Heinrich Wösthoff o. H. G., Apparatebau, Bochum
Entwicklung einer chemisch-physikalischen Apparatur zur Bestimmung kleinster Kohlenoxyd-Konzentrationen
1954, 94 Seiten, 48 Abb., 2 Tabellen, DM 18,25

HEFT 68
Kohlenstoffbiologische Forschungsstation e. V., Essen
Algengroßkulturen im Sommer 1952
II. Über die unsterile Großkultur von Scenedesmus obliquus
1954, 62 Seiten, 3 Abb., 29 Tabellen, DM 11,40

HEFT 69
Wäschereiforschung Krefeld
Bestimmung des Faserabbaues bei Leinen unter besonderer Berücksichtigung der Leinengarnbleiche
1954, 48 Seiten, 15 Abb., 3 Tabellen, DM 9,60

HEFT 70
Wäschereiforschung Krefeld
Trocknen von Wäschestoffen
1954, 52 Seiten, 18 Abb., 3 Tabellen, DM 10,—

HEFT 71
Prof. Dr.-Ing. K. Leist, Aachen
Kleingasturbinen, insbesondere zum Fahrzeugantrieb
1954, 114 Seiten, 85 Abb., DM 22,—

HEFT 72
Prof. Dr.-Ing. K. Leist, Aachen
Beitrag zur Untersuchung von stehenden geraden Turbinengittern mit Hilfe von Druckverteilungsmessungen
1954, 152 Seiten, 111 Abb., DM 36,20

HEFT 73
Prof. Dr.-Ing. K. Leist, Aachen
Spannungsoptische Untersuchungen von Turbinenschaufelfüßen
1954, 66 Seiten, 46 Abb., 2 Tabellen, DM 14,60

HEFT 74
Max-Planck-Institut für Eisenforschung, Düsseldorf
Versuche zur Klärung des Umwandlungsverhaltens eines sonderkarbidbildenden Chromstahls
1954, 58 Seiten, 10 Abb., DM 14,—

HEFT 75
Max-Planck-Institut für Eisenforschung, Düsseldorf
Zeit-Temperatur-Umwandlungs-Schaubilder als Grundlage der Wärmebehandlung der Stähle
1954, 44 Seiten, 13 Abb., DM 8,70

HEFT 76
Max-Planck-Institut für Arbeitsphysiologie, Dortmund
Arbeitstechnische und arbeitsphysiologische Rationalisierung von Mauersteinen
1954, 52 Seiten, 12 Abb., 3 Tabellen, DM 10,20

HEFT 77
Meteor Apparatebau Paul Schmeck GmbH., Siegen
Entwicklung von Leuchtstoffröhren hoher Leistung
1954, 46 Seiten, 12 Abb., 2 Tabellen, DM 9,15

HEFT 78
Forschungsstelle für Acetylen, Dortmund
Über die Zustandsgleichung des gasförmigen Acetylens und das Gleichgewicht Acetylen — Aceton
1954, 42 Seiten, 3 Abb., 8 Tabellen, DM 8,—

HEFT 79
Techn.-Wissenschaftl. Büro für die Bastfaserindustrie, Bielefeld
Trocknung von Leinengarnen III
Spinnspulen- und Spinnkopstrocknung
Vorgang und Einwirkung auf die Garnqualität
1954, 74 Seiten, 18 Abb., 10 Tabellen, DM 14,—

WESTDEUTSCHER VERLAG · KÖLN UND OPLADEN

HEFT 80
Techn.-Wissenschaftl. Büro für die Bastfaserindustrie, Bielefeld
Die Verarbeitung von Leinengarn auf Webstühlen mit und ohne Oberbau
1954, 30 Seiten, 2 Abb., 2 Tabellen, DM 6,—

HEFT 81
Prüf- und Forschungsinstitut für Ziegeleierzeugnisse, Essen-Kray
Die Einführung des großformatigen Einheits-Gitterziegels im Lande Nordrhein-Westfalen
1954, 54 Seiten, 2 Abb., 2 Tabellen, DM 10,—

HEFT 82
Vereinigte Aluminium-Werke AG., Bonn
Forschungsarbeiten auf dem Gebiet der Veredelung von Aluminium-Oberflächen
1954, 46 Seiten, 34 Abb., DM 9,60

HEFT 83
Prof. Dr. S. Strugger, Münster
Über die Struktur der Proplastiden
1954, 30 Seiten, 15 Abb., DM 8,40

HEFT 84
Dr. H. Baron, Düsseldorf
Über Standardisierung von Wundtextilien
1954, 32 Seiten, DM 6,40

HEFT 85
Textilforschungsanstalt Krefeld
Physikalische Untersuchungen an Fasern, Fäden, Garnen und Geweben:
Untersuchungen am Knickscheuergerät nach Weltzien
1954, 40 Seiten, 11 Abb., 8 Tabellen, DM 10,—

HEFT 86
Prof. Dr.-Ing. H. Opitz, Aachen
Untersuchungen über das Fräsen von Baustahl sowie über den Einfluß des Gefüges auf die Zerspanbarkeit
1954, 108 Seiten, 73 Abb., 7 Tabellen, DM 22,—

HEFT 87
Gemeinschaftsausschuß Verzinken, Düsseldorf
Untersuchungen über Güte von Verzinkungen
1954, 68 Seiten, 56 Abb., 3 Tabellen, DM 15,30

HEFT 88
Gesellschaft für Kohlentechnik mbH., Dortmund-Eving
Oxydation von Steinkohle mit Salpetersäure
1954, 62 Seiten, 2 Abb., 1 Tabelle, DM 11,50

HEFT 89
Verein Deutscher Ingenieure, Gleitlagerforschung, Düsseldorf
und Prof. Dr.-Ing. G. Vogelpohl, Göttingen
Versuche mit Preßstoff-Lagern für Walzwerke
1954, 70 Seiten, 34 Abb., DM 14,10

HEFT 90
Forschungs-Institut der Feuerfest-Industrie, Bonn
Das Verhalten von Silikasteinen im Siemens-Martin-Ofengewölbe
1954, 62 Seiten, 15 Abb., 11 Tabellen, DM 11,90

HEFT 91
Forschungs-Institut der Feuerfest-Industrie, Bonn
Untersuchungen des Zusammenhangs zwischen Leistung und Kohlenverbrauch von Kammeröfen zum Brennen von feuerfesten Materialien
1954, 42 Seiten, 6 Abb., DM 8,30

HEFT 92
Techn.-Wissenschaftl. Büro für die Bastfaserindustrie, Bielefeld
und Laboratorium für textile Meßtechnik, M.-Gladbach
Messungen von Vorgängen am Webstuhl
1954, 76 Seiten, 45 Abb., DM 15,50

HEFT 93
Prof. Dr. W. Kast, Krefeld
Spinnversuche zur Strukturerfassung künstlicher Zellulosefasern
1954, 82 Seiten, 39 Abb., 6 Tabellen, DM 16,—

HEFT 94
Prof. Dr. G. Winter, Bonn
Die Heilpflanzen des MATTHIOLUS (1611) gegen Infektionen der Harnwege und Verunreinigung der Wunden bzw. zur Förderung der Wundheilung im Lichte der Antibiotikaforschung
1954, 58 Seiten, 1 Abb., 2 Tabellen, DM 11,50

HEFT 95
Prof. Dr. G. Winter, Bonn
Untersuchungen über die flüchtigen Antibiotika aus der Kapuziner- (Tropaeolum maius) und Gartenkresse (Lepidium sativum) und ihr Verhalten im menschlichen Körper bei Aufnahme von Kapuziner- bzw. Gartenkressensalat per os
1955, 74 Seiten, 9 Abb., 25 Tabellen, DM 14,—

HEFT 96
Dr.-Ing. P. Koch, Dortmund
Austritt von Exoelektronen aus Metalloberflächen unter Berücksichtigung der Verwendung des Effektes für die Materialprüfung
1954, 34 Seiten, 13 Abb., DM 7,—

HEFT 97
Ing. H. Stein, Laboratorium für textile Meßtechnik, M.-Gladbach
Untersuchung der Verzugsvorgänge an den Streckwerken verschiedener Spinnereimaschinen
2. Bericht: Ermittlung der Haft-Gleiteigenschaften von Faserbändern und Vorgarnen
1955, 98 Seiten, 54 Abb., DM 21,—

HEFT 98
Fachverband Gesenkschmieden, Hagen
Die Arbeitsgenauigkeit beim Gesenkschmieden unter Hämmern
1955, 132 Seiten, 55 Abb., 9 Tabellen, DM 24,75

HEFT 99
Prof. Dr.-Ing. G. Garbotz, Aachen
Der Kraft- und Arbeitsaufwand sowie die Leistungen beim Biegen von Bewehrungsstählen in Abhängigkeit von den Abmessungen, den Formen und der Güte der Stähle (Ermittlung von Leistungsrichtlinien)
1955, 136 Seiten, 53 Abb., 3 Anlagen, 18 Tabellen, DM 30,—

HEFT 100
Prof. Dr.-Ing. H. Opitz, Aachen
Untersuchungen von elektrischen Antrieben, Steuerungen und Regelungen an Werkzeugmaschinen
1955, 166 Seiten, 71 Abb., 3 Tabellen, DM 31,30

HEFT 101
Prof. Dr.-Ing. H. Opitz, Aachen
Wirtschaftlichkeitsbetrachtungen beim Außenrundschleifen
1955, 100 Seiten, 56 Abb., 3 Tabellen, DM 19,30

HEFT 102
Dr. P. Hölemann, Ing. R. Hasselmann und Ing. G. Dix, Dortmund
Untersuchungen über die thermische Zündung von explosiblen Acetylenzersetzungen in Kapillaren
1954, 44 Seiten, 5 Abb., 4 Tabellen, DM 8,60

HEFT 103
Prof. Dr. W. Weizel, Bonn
Durchführung von experimentellen Untersuchungen über den zeitlichen Ablauf von Funken in komprimierten Edelgasen sowie zu deren mathematischen Berechnung
1955, 46 Seiten, 12 Abb., DM 9,10

HEFT 104
Prof. Dr. W. Weizel, Bonn
Über den Einfluß der Elektroden auf die Eigenschaften von Cadmium-Sulfid-Widerstands-Photozellen
1955, 48 Seiten, 12 Abb., DM 9,45

HEFT 105
Dr.-Ing. R. Meldau, Harsewinkel/Westf.
Auswertung von Gekörn — Analysen des Musterstaubes „Flugasche Fortuna I"
1955, 42 Seiten, 14 Abb., DM 8,50

HEFT 106
ORR. Dr.-Ing. W. Küch, Dortmund
Untersuchungen über die Einwirkung von feuchtigkeitsgesättigter Luft auf die Festigkeit von Leimverbindungen
1954, 60 Seiten, 10 Abb., 6 Tabellen, DM 11,40

HEFT 107
Prof. Dr. H. Lange und Dipl.-Phys. P. St. Pütter, Köln
Über die Konstruktion von Laboratoriumsmagneten
1955, 66 Seiten, 19 Abb., 1 Tabelle, DM 12,30

HEFT 108
Prof. Dr. W. Fuchs, Aachen
Untersuchungen über neue Beizmethoden und Beizabwässer
I. Die Entzunderung von Drähten mit Natriumhydrid
II. Die Aufbereitung von Beizabwässern
1955, 82 Seiten, 15 Abb., 14 Tabellen, 1 Falttafel, DM 15,25

HEFT 109
Dr. P. Hölemann und Ing. R. Hasselmann, Dortmund
Untersuchungen über die Löslichkeit von Azetylen in verschiedenen organischen Lösungsmitteln
1954, 42 Seiten, 10 Abb., 8 Tabellen, DM 8,30

HEFT 110
Dr. P. Hölemann und Ing. R. Hasselmann, Dortmund
Untersuchungen über den Druckverlauf bei der explosiblen Zersetzung von gasförmigem Azetylen
1955, 54 Seiten, 10 Abb., 5 Tabellen, DM 11,—

HEFT 111
Fachverband Steinzeugindustrie, Köln
Die Entwicklung eines Gerätes zur Beschickung seitlicher Feuer von Steinzeug-Einzelkammeröfen mit festen Brennstoffen
1955, 46 Seiten, 16 Abb., DM 9,40

HEFT 112
Prof. Dr.-Ing. H. Opitz, Aachen
Verschleißmessungen beim Drehen mit aktivierten Hartmetallwerkzeugen
1954, 44 Seiten, 17 Abb., 6 Tabellen, DM 8,80

HEFT 113
Prof. Dr. O. Graf, Dortmund
Erforschung der geistigen Ermüdung und nervösen Belastung: Studien über die vegetative 24-Stunden-Rhythmik in Ruhe und unter Belastung
1955, 40 Seiten, 12 Abb., DM 8,20

HEFT 114
Prof. Dr. O. Graf, Dortmund
Studien über Fließarbeitsprobleme an einer praxisnahen Experimentieranlage
1954, 34 Seiten, 6 Abb., DM 7,—

HEFT 115
Prof. Dr. O. Graf, Dortmund
Studium über Arbeitspausen in Betrieben bei freier und zeitgebundener Arbeit (Fließarbeit) und ihre Auswirkung auf die Leistungsfähigkeit
1955, 50 Seiten, 13 Abb., 2 Tabellen, DM 9,80

HEFT 116
Prof. Dr.-Ing. E. Siebel und Dr.-Ing. H. Weiss, Stuttgart
Untersuchungen an einigen Problemen des Tiefziehens — I. Teil
1955, 74 Seiten, 50 Abb., 5 Tabellen, DM 14,50

HEFT 117
Dr.-Ing. H. Beißwänger, Stuttgart, und Dr.-Ing. S. Schwandt, Trier
Untersuchungen an einigen Problemen des Tiefziehens — II. Teil
1955, 92 Seiten, 34 Abb., 8 Tabellen, DM 17,70

HEFT 118
Prof. Dr. E. A. Müller und Dr. H. G. Wenzel, Dortmund
Neuartige Klima-Anlage zur Erzeugung ungleicher Luft- und Strahlungstemperaturen in einem Versuchsraum
1955, 68 Seiten, 10 z. T. mehrfarb. Abb., DM 14,—

HEFT 119
Dr.-Ing. O. Viertel, Krefeld
Wäscherei- und energietechnische Untersuchung einer Gemeinschafts-Waschanlage
1955, 50 Seiten, 18 Abb., DM 10,20

HEFT 120
Dipl.-Ing. A. Weisbecker, Lüdenscheid
Über Anfressung am Reinstaluminium-Schweißnähten bei der elektrolytischen Oxydation
Gebr. Hörstermann GmbH., Velbert
Entwicklung und Erprobung eines neuartigen Gummibandförderers
1955, 46 Seiten, 18 Abb., DM 9,70

HEFT 121
Dr. H. Krebs, Bonn
I. Die Struktur und die Eigenschaften der Halbmetalle
II. Die Bestimmung der Atomverteilung in amorphen Substanzen
III. Die chemische Bindung in anorganischen Festkörpern und das Entstehen metallischer Eigenschaften
1955, 124 Seiten, 36 Abb., 13 Tabellen, DM 22,90

HEFT 122
Prof. Dr. W. Fuchs, Aachen
Untersuchungen zur Verbesserung der Wasseraufbereitung und Wasseranalyse:
Über die Schnellbewertung von Ionenaustauscher
1955, 62 Seiten, 32 Abb., 1 Tabelle, DM 12,30

HEFT 123
Dipl.-Ing. J. Emondts, Aachen
Über Bodenverformungen bei stark gestörtem und mächtigem, wasserführendem Deckgebirge im Aachener Steinkohlengebiet
1955, 196 Seiten, 37 Abb., 10 Tabellen, DM 28,80

HEFT 124
Prof. Dr. R. Seyffert, Köln
Wege und Kosten der Distribution der Hausratwaren im Lande Nordrhein-Westfalen
1955, 74 Seiten, 25 Tabellen, DM 9,—

WESTDEUTSCHER VERLAG · KÖLN UND OPLADEN

HEFT 125
Prof. Dr. E. Kappler, Münster
Eine neue Methode zur Bestimmung von Kondensations-Koeffizienten von Wasser
1955, 46 Seiten, 11 Abb., 1 Tabelle, DM 9,10

HEFT 126
Prof. Dr.-Ing. J. Mathieu, Aachen
Arbeitszeitvergleich
Grundlagen, Methodik und praktische Durchführung
1955, 70 Seiten, DM 13,—

HEFT 127
Güteschutz Betonstein e. V.,
Arbeitskreis Nordrhein-Westfalen, Dortmund
Die Betonwaren-Gütesicherung im Lande Nordrhein-Westfalen
1955, 58 Seiten, 15 Abb., 3 Tabellen, DM 11,50

HEFT 128
Prof. Dr. O. Schmitz-DuMont, Bonn
Untersuchungen über Reaktionen in flüssigem Ammoniak
1955, 96 Seiten, 11 Abb., 6 Tabellen, DM 17,75

HEFT 129
Prof. Dr.-Ing. J. Mathieu und Dr. C. A. Roos, Aachen
Die Anlernung von Industriearbeitern
I. Ergebnisse einer grundsätzlichen Untersuchung der gegenwärtigen Industriearbeiter-Kurzanlernung
1955, 106 Seiten, DM 19,70

HEFT 130
Prof. Dr.-Ing. J. Mathieu und Dr. C. A. Roos, Aachen
Die Anlernung von Industriearbeitern
II. Beiträge zur Methodenfrage der Kurzanlernung
1955, 108 Seiten, DM 19,90

HEFT 131
Dr. W. Hoerburger, Köln
Versuche zur Biosynthese von Eiweiß aus Kohlenwasserstoff
1955, 34 Seiten, 2 Abb., DM 6,90

HEFT 132
Prof. Dr. W. Seith, Münster
Über Diffusionserscheinungen in festen Metallen
1955, 42 Seiten, 19 Abb., 4 Tabellen, DM 9,10

HEFT 133
Prof. Dr. E. Jenckel, Aachen
Über einen für Schwermetalle selektiven Ionenaustauscher
1955; 48 Seiten, 8 Abb., 13 Tabellen, DM 9,50

HEFT 134
Prof. Dr.-Ing. H. Winterhager, Aachen
Über die elektrochemischen Grundlagen der Schmelzfluß-Elektrolyse von Bleisulfid in geschmolzenen Mischungen mit Bleichlorid
1955, 54 Seiten, 20 Abb., 5 Tabellen, DM 11,80

HEFT 135
Prof. Dr.-Ing. K. Krekeler und Dr.-Ing. H. Peukert, Aachen
Die Änderung der mechanischen Eigenschaften thermoplastischer Kunststoffe durch Warmrecken
1955, 54 Seiten, 27 Abb., DM 11,10

HEFT 136
Dipl.-Phys. P. Pilz, Remscheid
Über spezielle Probleme der Zerkleinerungstechnik von Weichstoffen
1955, 58 Seiten, 19 Abb., 2 Tabellen, DM 11,50

HEFT 137
Prof. Dr. W. Baumeister, Münster
Beiträge zur Mineralstoffernährung der Pflanzen
1955, 64 Seiten, 6 Abb., DM 11,80

HEFT 138
Dr. P. Hölemann und Ing. R. Hasselmann, Dortmund
Untersuchungen über die Zersetzungswärme von gasförmigem und in Azeton gelöstem Azetylen
1955, 54 Seiten, 8 Abb., 7 Tabellen, DM 10,40

HEFT 139
Prof. Dr. W. Fuchs, Aachen
Studien über die thermische Zersetzung der Kohle und die Kohlendestillatprodukte
1955, 64 Seiten, 20 Abb., 22 Tabellen, DM 11,80

HEFT 140
Dr.-Ing. G. Hausberg, Essen
Modellversuche an Zyklonen
1955, 78 Seiten, 24 Abb., DM 15,70

HEFT 141
Dr. J. van Calker und Dr. R. Wienecke, Münster
Untersuchungen über den Einfluß dritter Analysenpartner auf die spektrochemische Analyse
1955, 42 Seiten, 15 Abb., DM 9,10

HEFT 142
Dipl.-Ing. G. M. F. Wiebel, Hannover, A. Konermann und A. Ottenheym, Sennelager
Entwicklung eines Kalksandleichtsteines
1955, 38 Seiten, 4 Abb., DM 8,—

HEFT 143
Prof. Dr. F. Wever, Dr. A. Rose und Dipl.-Ing. W. Straßburg, Düsseldorf
Härtbarkeit und Umwandlungsverhalten der Stähle
1955, 50 Seiten, 12 Abb., 3 Tabellen, DM 10,70

HEFT 144
Prof. Dr. H. Wurmbach, Bonn
Steuerung von Wachstum und Formbildung
1955, 48 Seiten, 19 Abb., DM 10,30

HEFT 145
Dr. G. Hennemann, Werdohl (Westf.)
Beitrag zur Interpretation der modernen Atomphysik
1955, 34 Seiten, DM 10,—

HEFT 146
Dr.-Ing. F. Gruß, Düsseldorf
Sterilisation mit Heißluft
1955, 34 Seiten, 10 Abb., DM 7,70

HEFT 147
Dr.-Ing. W. Rudisch, Unna
Untersuchung einer drehelastischen Elektromagnet-Synchronkupplung
1955, 82 Seiten, 65 Abb., DM 17,70

HEFT 148
Prof. Dr. H. Bittel u. Dipl.-Phys. L. Storm, Münster
Untersuchungen über Widerstandsrauschen
1955, 40 Seiten, 5 Abb., DM 8,40

HEFT 149
Dipl.-Ing. K. Konopicky und Dipl.-Chem. P. Kampa, Bonn
I. Beitrag zur flammenphotometrischen Bestimmung des Calciums
Dr.-Ing. K. Konopicky, Bonn
II. Die Wanderung von Schlackenbestandteilen in feuerfesten Baustoffen
1955, 54 Seiten, 10 Abb., 5 Tabellen, DM 11,—

HEFT 150
Prof. Dr.-Ing. O. Kienzle und Dipl.-Ing. W. Timmerbeil, Hannover
Das Durchziehen enger Kragen an ebenen Fein- und Mittelblechen
1955, 52 Seiten, 20 Abb., 8 Tabellen, DM 11,30

HEFT 151
Dipl.-Ing. P. Karabasch, Aachen
Feststellung des optimalen Gasgehaltes von Bronzen zur Erzielung druckdichter Gußstücke
1956, 64 Seiten, 31 Abb., 5 Tabellen, DM 13,90

HEFT 152
Dipl.-Ing. G. Müller, Köln
Ermittlung der Laufeigenschaften (Vergießbarkeit) von Bronze und Rotguß mittels der Schneider-Gießspirale
1955, 60 Seiten, 33 Abb., DM 13,30

HEFT 153
Prof. Dr. F. Wever, Dr.-Ing. W. A. Fischer und Dipl.-Ing. J. Engelbrecht, Düsseldorf
I. Die Reduktion sauerstoffhaltiger Eisenschmelzen im Hochvakuum mit Wasserstoff und Kohlenstoff
II. Einfluß geringer Sauerstoffgehalte auf das Gefüge und Alterungsverhalten von Reineisen
1955, 54 Seiten, 15 Abb., 2 Tabellen, DM 12,40

HEFT 154
Prof. Dr.-Ing. P. Bardenheuer und Dr.-Ing. W. A. Fischer, Düsseldorf
Die Verschlackung von Titan aus Stahlschmelzen im sauren und basischen Hochfrequenzofen unter verschiedenen Schlacken
1955, 36 Seiten, 10 Abb., 1 Tabelle, DM 7,95

HEFT 155
Dipl.-Phys. K. H. Schirmer, München
Die auf Grau abgestimmte Farbwiedergabe im Dreifarbenbuchdruck
1955, 46 Seiten, 17 Abb., 2 Farbtafeln, DM 10,—

HEFT 156
Prof. Dr.-Ing. B. von Borries und Mitarbeiter, Düsseldorf
Die Entwicklung regelbarer permanentmagnetischer Elektronenlinsen hoher Brechkraft und eines mit ihnen ausgerüsteten Elektronenmikroskopes neuer Bauart
1956, 102 Seiten, 52 Abb., DM 22,55

HEFT 157
Dr. W. Jawtusch, Dr. G. Schuster und Prof. Dr.-Ing. R. Jaeckel, Bonn
Untersuchungen über die Stoßvorgänge zwischen neutralen Atomen und Molekülen
1955, 48 Seiten, 15 Abb., 3 Tabellen, DM 10,50

HEFT 158
Dipl.-Ing. W. Rosenkranz, Meinerzhagen
Ein Beitrag zum Problem der Spannungskorrosion bei Preßprofilen und Preßteilen aus Aluminium-Legierungen
1956, 112 Seiten, 61 Abb., 5 Tabellen, DM 27,40

HEFT 159
Dr.-Ing. O. Viertel und O. Oldenroth, Krefeld
Das Bleichen von Weißwäsche mit Wasserstoffsuperoxyd bzw. Natriumhypochlorit beim maschinellen Waschen
1955, 54 Seiten, 23 Abb., 2 Tabellen, DM 11,45

HEFT 160
Prof. Dr. W. Klemm, Münster
Über neue Sauerstoff- und Fluor-haltige Komplexe
1955, 50 Seiten, 13 Abb., 7 Tabellen, DM 10,80

HEFT 161
Prof. Dr. W. Weltzien und Dr. G. Hauschild, Krefeld
Über Silikone und ihre Anwendung in der Textilveredlung
1955, 162 Seiten, 22 Abb., 10 Tabellen, DM 27,—

HEFT 162
Prof. Dr. F. Wever, Prof. Dr. A. Kochendörfer und Dr.-Ing. Chr. Rohrbach, Düsseldorf
Kennzeichnung der Sprödbruchneigung von Stählen durch Messung der Fließspannung, Reißspannung und Brucheinschnürung an dreiachsig beanspruchten Proben
1955, 58 Seiten, 26 Abb., DM 13,—

HEFT 163
Dipl.-Ing. W. Rohs und Text.-Ing. H. Griese, Bielefeld
Untersuchungsarbeiten zur Verbesserung des Leinenwebstuhls III
1955, 80 Seiten, 15 Abb., 18 Tabellen, DM 15,80

HEFT 164
Dr.-Ing. H. Schmachtenberg, Köln
Neuartige Prüfeinrichtungen für Kraftfahrzeuge
1955, 44 Seiten, 23 Abb., DM 9,60

HEFT 165
Dr.-Ing. W. Wilhelm, Aachen
Instationäre Gasströmung im Auspuffsystem eines Zweitaktmotors
1955, 62 Seiten, 31 Abb., 8 Tabellen, DM 13,60

HEFT 166
Prof. Dr. M. v. Stackelberg, Dr. H. Heindze, Dr. H. Hübschke und Dr. K. H. Frangen, Bonn
Kolloidchemische Untersuchungen
1955, 106 Seiten, 8 Abb., 13 Tabellen, DM 21,25

HEFT 167
Prof. Dr.-Ing. F. Schuster, Essen
I. Über die Heißkarburierung von Brenngasen mit Ölen und Teeren
II. Die Strahlungsvorgänge in brennstoffbeheizten Öfen bei verschiedenen Verbrennungsatmosphären
1955, 38 Seiten, 8 Abb., DM 8,30

HEFT 168
Prof. Dr.-Ing. F. Schuster, Essen
I. Luftvorwärmung an Gasfeuerungen
II. Heizwerthöhe von Brenngasen und Wirkungsgrad sowie Gasverbrauch bei der Gasverwendung
III. Sauerstoffangereicherte Luft und feuerungstechnische Kenngrößen von Brenngasen
1955, 60 Seiten, 18 Abb., DM 12,50

HEFT 169
Forschungsinstitut für Pigmente und Lacke, Stuttgart
Arbeiten über die Bestimmung des Gebrauchswertes von Lackfilmen durch physikalische Prüfungen
1955, 70 Seiten, 23 Abb., 4 Tabellen, DM 15,—

HEFT 170
Prof. Dr. F. Wever, Dr. A. Rose und Dipl.-Ing. L. Rademacher, Düsseldorf
Anwendung der Umwandlungsschaubilder auf Fragen der Werkstoffauswahl beim Schweißen und Flammhärten
1955, 64 Seiten, 25 Abb., DM 13,70

HEFT 171
Wäschereiforschung Krefeld
Untersuchung der Wäscheentwässerung mit Hilfe von Zentrifugen und Pressen
1955, 42 Seiten, 16 Abb., 4 Tabellen, DM 9,70

HEFT 172
Dipl.-Ing. W. Rohs, Dr.-Ing. G. Satlow und Text.-Ing. G. Heller, Bielefeld
Trocknung von Hanfgarnen. Kreuzspultrocknung
1955, 60 Seiten, 7 Abb., 4 Tabellen, DM 10,30

HEFT 173
Prof. Dr. R. Hosemann und Dipl.-Phys. G. Schoknecht, Berlin, vorgelegt von Prof. Dr. W. Kast, Krefeld
Lichtoptische Herstellung und Diskussion der Faltungsquadrate parakristalliner Gitter
1956, 108 Seiten, 63 Abb., 6 Tabellen, DM 24,70

HEFT 174
Prof. Dr. W. von Fragstein, Dr. J. Meingast und H. Hoch, Köln
Herstellung von Solen einheitlicher Teilchengröße und Ermittlung ihrer optischen Eigenschaften
1955, 78 Seiten, 80 Abb., 4 Tabellen, DM 18,25

HEFT 175
Dr.-Ing. H. Zeller, Aachen
Beitrag zur eindimensionalen stationären und nichtstationären Gasströmung mit Reibung und Wärmeleitung insbesondere in Rohren mit unstetigen Querschnittsänderungen
1956, 138 Seiten, 56 Abb., DM 29,30

HEFT 176
Dipl.-Ing. H. Schöberl, Duisburg
Über die Methoden zur Ermittlung der Verbrennungstemperatur von Brennstoffen und ein Vorschlag zu ihrer Verbesserung
1955, 30 Seiten, 3 Abb., DM 6,50

HEFT 177
Dipl.-Ing. H. Stüdemann, Solingen, und Dr.-Ing. W. Müchler, Essen
Entwicklung eines Verfahrens zur zahlenmäßigen Bestimmung der Schneideigenschaften von Messerklingen
1956, 104 Seiten, 68 Abb., 4 Tabellen, DM 22,20

HEFT 178
Prof. Dr. M. von Stackelberg u. Dr. W. Hans, Bonn
Untersuchungen zur Ausarbeitung und Verbesserung von polarographischen Analysenmethoden
1955, 46 Seiten, 14 Abb., DM 10,50

HEFT 179
Dipl.-Ing. H. F. Reineke, Bochum
Entwicklungsarbeiten auf dem Gebiete der Meß- und Regeltechnik
1955, 46 Seiten, 10 Abb., DM 10,—

HEFT 180
Dr.-Ing. W. Piepenburg, Dipl.-Ing. B. Bühling und Bauing. J. Behnke, Köln
Putzarbeiten im Hochbau und Versuche mit aktiviertem Mörtel und mechanischem Mörtelauftrag
1955, 116 Seiten, 31 Abb., 68 Tabellen, DM 23,—

HEFT 181
Prof. Dr. W. Franz, Münster
Theorie des elektrischen Leitvorgänge in Halbleitern und isolierenden Festkörpern bei hohen elektrischen Feldern
1955, 28 Seiten, 2 Abb., 1 Tabelle, DM 6,20

HEFT 182
Dr.-Ing. P. Schenk u. Dr. K. Osterloh, Düsseldorf
Katalytisch-thermische Spaltung von gasförmigen und flüssigen Kohlenwasserstoffen zur Spitzengaserzeugung
1955, 50 Seiten, 11 Abb., 11 Tabellen, DM 10,90

HEFT 183
Dr. W. Bornheim, Köln
Entwicklungsarbeiten an Flaschen- und Ampullen-Behandlungsmaschinen für die pharmazeutische Industrie
1956, 48 Seiten, 24 Abb., DM 11,70

HEFT 184
Dr.-Ing. E. Printz, Kettwig
Vollhydraulische Parallel-Kupplung für Ackerschlepper
1955, 32 Seiten, 4 Abb., DM 7,80

HEFT 185
Dipl.-Ing. W. Rohs und Text.-Ing. G. Heller, Bielefeld
Studien an einem neuzeitlichen Kreuzspultrockner für Bastfasergarne mit Wiederbefeuchtungszone
1955, 52 Seiten, 9 Abb., 3 Tabellen, DM 10,70

HEFT 186
Dr. E. Wedekind, Krefeld
Untersuchungen zur Arbeitsbestgestaltung bei der Fertigstellung von Oberhemden in gewerblichen Wäschereien
1955, 124 Seiten, 28 Abb., 6 Tabellen, 2 Falttaf., DM 12,—

HEFT 187
Dipl.-Ing. F. Göttgens, Essen
Über die Eigenarten der Bimetall-, Thermo- und Flammenionisationssicherungsmethode in ihrer Anwendung auf Zündsicherungen
1955, 40 Seiten, 6 Abb., 4 Tabellen, DM 8,40

HEFT 188
W. Kinnebrock, Langenberg (Rhld.)
Der Einfluß des Austausches gleicher Gaskochbrenner bzw. Gaskochbrennerteile auf den Wirkungsgrad und insbesondere auf den CO-Gehalt der Verbrennungsgase
1955, 42 Seiten, 7 Tabellen, DM 8,70

HEFT 189
Fa. E. Leybold's Nachfolger, Köln
I. Ausgewählte Kapitel aus der Vakuumtechnik
II. Zum Verlust anorganisch-nichtflüchtiger Substanzen während der Gefriertrocknung
1955, 52 Seiten, 16 Abb., 3 Tabellen, DM 11,20

HEFT 190
Prof. Dr. A. Neuhaus, Prof. Dr. O. Schmitz-DuMont und Dipl.-Chem. H. Reckhard, Bonn
Zur Kenntnis der Alkalititanate
1955, 60 Seiten, 13 Abb., 1 Tabelle, DM 12,20

HEFT 191
Dr. H. Söhngen, Darmstadt
Schwingungsverhalten eines Schaufelkranzes im Vakuum
1955, 36 Seiten, 7 Abb., DM 7,80

HEFT 192
Dipl.-Phys. E. M. Schneider, München
Kohlebogenlampen für Aufnahme und Kopie
1955, 48 Seiten, 21 Abb., 3 Tabellen, DM 10,60

HEFT 193
Prof. Dr. O. Schmitz-DuMont, Bonn
Untersuchungen über neue Pigmentfarbstoffe
1956, 50 Seiten, 16 Abb., 8 Tabellen, DM 11,20

HEFT 194
Dr. K. Hecht, Köln
Entwicklung neuartiger physikalischer Unterrichtsgeräte
1955, 42 Seiten, 16 Abb., DM 9,90

HEFT 195
Dr.-Ing. E. Rößger, Köln
Gedanken über einen neuen deutschen Luftverkehr
1955, 342 Seiten, 29 Abb., 122 Tabellen, DM 50,—

HEFT 196
Dipl.-Ing. W. Rohs, und Text.-Ing. H. Griese, Bielefeld
Auswirkungen von Garnfehlern bei der Verarbeitung von Leinengarnen
1955, 36 Seiten, 3 Abb., 6 Tabellen, DM 7,80

HEFT 197
Dr. E. Wedekind, Krefeld
Untersuchungen zur Bestimmung der optimalen Arbeitsplatzgröße bei Mehrstuhlarbeit in der Weberei
1955, 92 Seiten, 34 Abb., DM 18,50

HEFT 198
Prof. Dr. J. Weissinger, Karlsruhe
Zur Aerodynamik des Ringflügels. Die Druckverteilung dünner, fast drehsymmetrischer Flügel in Unterschallströmung
1955, 42 Seiten, 5 Abb., DM 9,—

HEFT 199
Textilforschungsanstalt Krefeld
Die Messung von Gewebetemperaturen mittels Temperaturstrahlung
1955, 50 Seiten, 12 Abb., DM 10,90

HEFT 200
R. Seipenbusch, Langenberg (Rhld.)
Spitzengas durch Zusatz von Flüssiggas-Wassergas- und Flüssiggas-Generatorgas-Gemischen zu Stadtgas
1955, 48 Seiten, 21 Tabellen, DM 10,35

HEFT 201
Dr.-Ing. E. W. Pleines, Frankfurt/Main
Die Sicherheit im Luftverkehr
1956, 194 Seiten, 39 Abb., 19 Tabellen, DM 39,45

HEFT 202
Dipl.-Ing. D. Fiecke, Stuttgart/Zuffenhausen
Die Bestimmung der Flugzeugpolaren für Entwurfszwecke. I. Teil: Unterlagen
in Vorbereitung

HEFT 203
Dr. G. Wandel, Bonn
Uferbewachung und Lebendverbauung an den Nordwestdeutschen Kanälen und ihren Zuflüssen sowie an der Ruhr
in Vorbereitung

HEFT 204
Dipl.-Ing. B. Naendorf, Langenberg (Rhld.)
Bestimmung der Brenneigenschaften und des Brennverhaltens verschiedener Gasarten und Einfluß verschiedener Düsengestaltung
1955, 32 Seiten, DM 7,10

HEFT 205
Dr. C. Schaarwächter, Düsseldorf
Über plastische Kupfer-Eisen-Phosphor-Legierungen
1956, 36 Seiten, 10 Abb., 10 Tabellen, DM 8,30

HEFT 206
Dr. P. Hölemann, Ing. R. Hasselmann und Ing. G. Dix, Dortmund
Untersuchungen über die Vorgänge bei der Zersetzung von in Azeton gelöstem Azetylen
1956, 74 Seiten, 7 Abb., 7 Tabellen, DM 15,55

HEFT 207
Prof. Dr.-Ing. H. Opitz, Dipl.-Ing. K. H. Fröhlich und Dipl.-Ing. H. Siebel, Aachen
Richtwerte für das Fräsen von unlegierten und legierten Baustählen mit Hartmetall. I. Teil
in Vorbereitung

HEFT 208
Prof. Dr.-Ing. H. Müller, Essen
Untersuchung von Elektrowärmegeräten für Laienbedienung hinsichtlich Sicherheit und Gebrauchsfähigkeit. I. Untersuchungen an Kochplatten
in Vorbereitung

HEFT 209
Dr. K. Bunge, Leverkusen
Materialabbau in Funkenentladungen. Untersuchungen an Zinkkathoden
1956, 54 Seiten, 10 Abb., 5 Tabellen, DM 11,40

HEFT 210
Dr. W. Porschen und Prof. Dr. W. Riezler, Bonn
Langlebige Alphaaktivitäten bei natürlichen Elementen
1955, 40 Seiten, 5 Abb., 4 Tabellen, DM 8,80

HEFT 211
Prof. Dipl.-Ing. W. Sturtzel und Dr.-Ing. W. Graff, Duisburg
Die Versuchsanstalt für Binnenschiffbau, Duisburg
1956, 48 Seiten, 22 Abb., DM 11,—

HEFT 212
Dipl.-Ing. H. Spodig, Selm
Untersuchung zur Anwendung der Dauermagnete in der Technik
1955, 44 Seiten, 25 Abb., DM 9,80

HEFT 213
Dipl.-Ing. K. F. Rittinghaus, Aachen
Zusammenstellung eines Meßwagens für Bau- und Raumakustik
in Vorbereitung

HEFT 214
Dr.-Ing. J. Endres, München
Berechnung der optimalen Leistungen, Kraftstoffverbräuche und Wirkungsgrade von Einkreis-Turbolader-Strahltriebwerken am Boden und in der Höhe bei Fluggeschwindigkeiten von 0—2000 km/h
1956, 72 Seiten, 18 Abb., 8 Tabellen, DM 15,40

HEFT 215
Prof. Dr.-Ing. H. Opitz und Dr.-Ing. G. Weber, Aachen
Einfluß der Wärmebehandlung von Baustählen auf Spanentstehung, Schnittkraft- und Standzeitverhalten
in Vorbereitung

HEFT 216
Dr. E. Kloth, Köln
Untersuchungen über die Ausbreitung kurzer Schallimpulse bei der Materialprüfung mit Ultraschall
1956, 90 Seiten, 60 Abb., 4 Tabellen, DM 19,40

HEFT 217
Rationalisierungskuratorium der Deutschen Wirtschaft (RKW), Frankfurt/Main
Typenvielzahl bei Haushaltgeräten und Möglichkeiten einer Beschränkung
1956, 328 Seiten, 2 Abb., 181 Tabellen, DM 49,50

HEFT 218
Dr. F. Keune, Aachen
Bericht über eine neue Theorie der Strömung um Rotationskörper ohne Anstellung bei Machzahl Eins
1955, 40 Seiten, 8 Abb., 5 Formelblätter, DM 8,80

HEFT 219
Prof. Dr. W. Fuchs, Aachen
Untersuchungen zur Holzabfallverwertung und zur Chemie des Lignins
1955, 54 Seiten, 11 Abb., 15 Tabellen, DM 11,40

WESTDEUTSCHER VERLAG · KÖLN UND OPLADEN

HEFT 220
Prof. Dr. W. Fuchs, Aachen
Die Entwicklung neuer Regel- und Kontroll-Apparate zur coulometrischen Analyse
1956, 76 Seiten, 17 Abb., 23 Tabellen, DM 15,50

HEFT 221
Dr. W. Meyer-Eppler, Bonn
Experimentelle Untersuchungen zum Mechanismus von Stimme und Gehör in der lautsprachlichen Kommunikation
1955, 56 Seiten, 24 Abb., DM 13,45

HEFT 222
Dr. L. Köllner, Münster, und Dipl.-Volkswirt M. Kaiser, Bochum
Die internationale Wettbewerbsfähigkeit der westdeutschen Wollindustrie
1956, 214 Seiten, DM 39,50

HEFT 223
Dr.-Ing. K. Alberti und Dr. F. Schwarz, Köln
Über das Problem Hartbrand - Weichbrand
1956, 54 Seiten, 25 Abb., 14 Tabellen, DM 12,10

HEFT 224
Dipl.-Ing. H. Stüdeman und Ing. R. Beu, Solingen
Verfahren zur Prüfung der Korrosionsbeständigkeit von Messerklingen aus rostfreiem Stahl
1956, 82 Seiten, 28 Abb., DM 16,90

HEFT 225
Dr.-Ing. E. Barz, Remscheid
Der Spannungszustand von Gattersägeblättern
in Vorbereitung

HEFT 226
Technisch-wissenschaftliches Büro für die Bastfaserindustrie, Bielefeld
Untersuchungen zur Verbesserung des Leinenwebstuhles IV
Die Wirkung verschiedener Kettbaumbremsen auf die Verwebung von Leinengarnen
1956, 64 Seiten, 9 Abb., 4 Tabellen, DM 13,50

HEFT 227
Prof. Dr. F. Wever, Düsseldorf und Dr. W. Wepner, Köln
Untersuchung der Alterungsneigung von weichen unlegierten Stählen durch Härteprüfung bei Temperaturen bis 300 Grad C
1956, 34 Seiten, 20 Abb., 3 Tabellen, DM 7,95

HEFT 228
Prof. Dr. F. Wever, Dr. W. Koch, Düsseldorf und Dr. B. A. Steinkopf, Dortmund
Spektrochemische Grundlagen der Analyse von Gemischen aus Kohlenmonoxyd, Wasserstoff und Stickstoff
in Vorbereitung

HEFT 229
Prof. Dr. F. Wever, Dr. W. Koch und Dr.-Ing. H. Malissa, Düsseldorf
Über die Anwendung disubstituierter Dithiocarbamate der analytischen Chemie
1956, 44 Seiten, 30 Abb., 5 Tabellen, DM 10,50

HEFT 230
Prof. Dr. F. Wever, Düsseldorf und Dr. W. Wepner, Köln
Bestimmung kleiner Kohlenstoffgehalte im Alpha-Eisen durch Dämpfungsmessung
1956, 34 Seiten, 5 Abb., 2 Tabellen, DM 7,70

HEFT 231
Dr.-Ing. W. Küch, Dortmund
Über die Wechselwirkung zwischen Holzschutzbehandlung und Verleimung
1956, 48 Seiten, 10 Abb., 8 Tabellen, DM 10,40

HEFT 232
Prof. Dr.-Ing. O. Kienzle, Hannover und Dr.-Ing. H. Münnich, Schweinfurt
Feststellung der Spannungen und Dehnungen und Bruchdrehzahlen der unter Fliehkraft und Bearbeitungskraft beanspruchten Schleifkörper
in Vorbereitung

HEFT 233
Dr. H. Haase, Hamburg
Infrarot-Bibliographie
1956, 90 Seiten, DM 17,80

HEFT 234
Dr.-Ing. K. G. Speith und Dr.-Ing. A. Bungeroth, Duisburg
Versuche zur Steigerung des Kokillen-Schluckvermögens beim Stranggießen von Stahl
1956, 26 Seiten, 5 Abb., DM 6,15

HEFT 235
Prof. Dr.-Ing. K. Leist und Dipl.-Ing. W. Dettmering, Aachen
Turbinenschaufeln aus Kunststoff für Kaltluftversuchsanlagen
1956, 46 Seiten, 43 Abb., 3 Tabellen, DM 12,30

HEFT 236
Dr.-Ing. O. Viertel und S. Lucas, Krefeld
Ergebnisse einer Hausfrauenbefragung über Wascheinrichtungen und Waschmethoden in städtischen Haushaltungen
1956, 34 Seiten, 4 Abb., DM 7,60

HEFT 237
Dr. P. Endler und Dr. H. Ludes, Köln
Bericht über eine Studienreise zur Orientierung der heutigen Behandlung der Lungentuberkulose in den Vereinigten Staaten von Nordamerika
1956, 32 Seiten, DM 7,10

HEFT 238
Institut für textile Meßtechnik, M.-Gladbach, e.V.
Untersuchung der Verzugsvorgänge an den Streckwerken verschiedener Spinnereimaschinen. 3. Bericht: Theoretische Betrachtungen über den Einfluß schlagender Zylinder und Druckrollen
in Vorbereitung

HEFT 239
Prof. Dr.-Ing. K. Leist und Dipl.-Ing. H. Scheele, Aachen und Dipl.-Ing. F. H. Flottmann, Herne
Versuche an einem neuartigen luftgekühlten Hochleistungs-Kolbenkompressor
in Vorbereitung

HEFT 240
Prof. Dr.-Ing. K. Leist und Dipl.-Ing. H. Scheele, Aachen
Temperaturmessungen an einem einstufigen luftgekühlten 4-Zylinder-Kolbenkompressor mit Kühlgebläse
in Vorbereitung

HEFT 241
Prof. Dr.-Ing. K. Leist und Dipl.-Ing. M. Pötke, Aachen
Leistungsversuche an einem Kühlluftgebläse
in Vorbereitung

HEFT 242
Prof. Dr.-Ing. K. Leist und Dipl.-Ing. K. Graf, Aachen
Straßenfahrzeuge mit Gasturbinenantrieb
in Vorbereitung

HEFT 243
Prof. Dr.-Ing. K. Leist und Dipl.-Ing. S. Förster, Aachen
Die französische Kleingasturbine Artouste — 1. Teil
in Vorbereitung

HEFT 244
Prof. Dr. F. Wever, Dr. W. Koch und Dr. S. Eckhard, Düsseldorf
Erfahrungen mit der spektrochemischen Analyse von Gefügebestandteilen des Stahles
1956, 32 Seiten, 8 Abb., 2 Tabellen, DM 7,80

HEFT 245
Prof. Dr.-Ing. K. Krekeler, Aachen
Das Verbinden von Metallen durch Kunstharzkleber. Teil I: Eigenschaften und Verwendung der Metallklebstoffe
1956, 48 Seiten, 8 Abb., DM 10,25

HEFT 246
Prof. Dr.-Ing. K. Krekeler, Aachen
Das Verbinden von Metallen durch Kunstharzkleber. Teil II: Untersuchungen an geklebten Leichtmetall-Verbindungen
in Vorbereitung

HEFT 247
Dr. H. Söhngen, Darmstadt
Strömung vor einem Überschall-Laufrad
1956, 26 Seiten, 4 Abb., DM 7,60

HEFT 248
Rheinische Aktiengesellschaft für Braunkohlenbergbau und Brikettfabrikation, Köln
Untersuchung der Bindemitteleigenschaften von Braunkohlenfilteraschen
in Vorbereitung

HEFT 249
Dr. M.-E. Meffert, Essen
Weitere Kulturversuche Scenedesmus obliquus
1956, 36 Seiten, 5 Abb., 10 Tabellen, DM 8,—

HEFT 250
Dr. F. Schwarz und Dr.-Ing. K. Alberti, Köln
Entwicklung von Untersuchungsverfahren zur Gütebeurteilung von Industriekalken
in Vorbereitung

HEFT 251
Prof. Dr. H. Bittel, Münster
Zur Statistik der ferromagnetischen Elementarvorgänge und ihren Einfluß auf das Barkhausenrauschen
in Vorbereitung

HEFT 252
Dipl.-Ing. H. Frings, Geilenkirchen
Die Wirkung abfallender Wetterführung auf Wettertemperatur, Grubengasgehalt und Staubbildung
in Vorbereitung

HEFT 253
Dipl.-Ing. S. Schirmanski, Berghausen
Stand und Auswertung der Forschungsarbeiten über Temperatur- und Feuchtigkeitsgrenzen bei der bergmännischen Arbeit
in Vorbereitung

HEFT 254
Prof. Dr. R. Danneel, Bonn
Quantitative Untersuchungen über die Entwicklung des Ehrlich-Ascitesturmos bei Inzuchtmäusen
in Vorbereitung

HEFT 255
Ing. B. v. Schlippe, Bad Nauheim
Strömung von Flüssigkeiten mit temperaturabhängiger Zähigkeit (Kühlung von Ölen)
1956, 54 Seiten, 12 Abb., 4 Tabellen, DM 11,70

HEFT 256
Prof. Dr. C. Schmieden und Dipl.-Math. K. H. Müller, Darmstadt
Die Strömung einer Quellstrecke im Halbraum — eine strenge Lösung der Navier-Stokes-Gleichungen
1956, 40 Seiten, 9 Abb., DM 8,80

HEFT 257
Prof. Dr. G. Lehmann und Dr. J. Tamm, Dortmund
Die Beeinflussung vegetativer Funktionen des Menschen durch Geräusche
in Vorbereitung

HEFT 258
Dr. H. Paul, Linz (Rhein) und Prof. Dr. O. Graf, Dortmund
Zur Frage der Unfälle im Bergbau
1956, 52 Seiten, 9 Abb., 22 Tabellen, DM 11,20

HEFT 259
Prof. Dr. W. Linke, Aachen
Strömungsvorgänge in künstlich belüfteten Räumen
1956, 52 Seiten, 37 Abb., 1 Tabelle, DM 11,80

HEFT 260
Prof. Dr. W. Kast, Freiburg (Br.), Prof. Dr. A. H. Stuart und Dipl.-Phys. H. G. Fendler, Hannover
Lichtzerstreuungsmessungen an Lösungen hochpolymerer Stoffe
in Vorbereitung

HEFT 261
Prof. Dr. W. Kast, Freiburg (Br.)
Feinstruktur-Untersuchungen an künstlichen Zellulosefasern verschiedener Herstellungsverfahren. Teil II: Der Kristallisationszustand
in Vorbereitung

HEFT 262
Dr.-Ing. W. Batel, Aachen
Untersuchungen zur Absiebung feuchter, feinkörniger Haufwerke und Schwingsieben
in Vorbereitung

HEFT 263
Prof. Dr. H. Lange und Dipl.-Phys. R. Kohlhaas, Köln
Über die Wärmeleitfähigkeit von Stählen bei hohen Temperaturen: Teil I: Literaturbericht
in Vorbereitung

HEFT 264
Prof. Dr. W. Weizel, Bonn
Durch schnelle Funkenzusammenbrüche ausgelöste Signale auf einer Leitung
1956, 26 Seiten, 4 Abb., 3 Tabellen, DM 6,10

HEFT 265
Prof. Dr. F. Micheel und Dr. R. Engel, Münster
Eine Apparatur zur elektrophoretischen Trennung von Stoffgemischen
in Vorbereitung

HEFT 266
Fliesen-Beratungsstelle Bad Godesberg-Mehlem
Güteeigenschaften keramischer Wand- und Bodenfliesen und deren Prüfmethoden
1956, 32 Seiten, DM 7,10

HEFT 267
Prof. Dr. W. Weizel und B. Brandt, Bonn
Zur Stabilität stromstarker Glimmentladungen
1956, 36 Seiten, 7 Abb., DM 8,40

HEFT 268
Prof. Dr.-Ing. G. Vogelpohl, Göttingen
Über die Tragfähigkeit von Gleitlagern und ihre Berechnung
in Vorbereitung

WESTDEUTSCHER VERLAG · KÖLN UND OPLADEN

HEFT 269
Markscheider R. Bals, Bochum
Eignung des Gebirgsankerausbaus zur Erleichterung des Streckenvortriebs im Steinkohlenbergbau
in Vorbereitung

HEFT 270
Dr. H. Krebs und Mitarbeiter, Bonn
Die Trennung von Racematen auf chromatographischem Wege
in Vorbereitung

HEFT 271
Prof. Dr.-Ing. H. Opitz und Dipl.-Ing. H. Axer, Aachen
Beeinflussung des Verschleißverhaltens bei spanenden Werkzeugen durch flüssige und gasförmige Kühlmittel und elektrische Maßnahmen
in Vorbereitung

HEFT 272
Prof. Dr. W. Fuchs und Dr. H. Dresia, Aachen
Untersuchungen über die Schnellverbrennung und Schnellvergasung fester Brennstoffe
in Vorbereitung

HEFT 273
Fa. K. W. Tacke G.m.b.H., Wuppertal-Barmen
Erfahrungen beim Verspinnen von Perlonfasern und bei der Herstellung von Trikotagen aus gesponnenem Perlon
in Vorbereitung

HEFT 274
Prof. Dr.-Ing. K. Krekeler und Dipl.-Ing. H. Verhoeven, Aachen
Qualitative Untersuchungen bei Verbindungsschweißungen mittels Lichtbogenschweißautomaten unter Verwendung von Blankdraht und Zugabe von ferromagnetischem Pulver als Umhüllung
in Vorbereitung

HEFT 275
Prof. Dr.-Ing. K. Krekeler und Dipl.-Ing. H. Verhoeven, Aachen
Qualitative Untersuchungen von Punktschweißverbindungen an Tiefzieh- und Aluminiumblechen, die nach dem Argonarc-Punktschweißverfahren hergestellt werden
in Vorbereitung

HEFT 276
Fa. E. Haage, Mülheim (Ruhr)
Entwicklungsarbeiten im Apparatebau für Laboratorien
in Vorbereitung

HEFT 277
Dr.-Ing. W. Müchler, Essen
Untersuchung und zahlenmäßige Bestimmung der Schneideigenschaften von Messern mit besonderer Berücksichtigung rostfreier Messerstähle
in Vorbereitung

HEFT 278
Dipl.-Ing. J. Stelter und Dipl.-Ing. H. Kickert, Aachen
I. Sichtbarmachung von Ultraschallfeldern unter Verwendung photographischer Emulsionsschichten
II. Methode zur Bestimmung der wirklichen Temperaturverhältnisse in Flüssigkeiten während der Beschallung (Nach einer Diplom-Arbeit von H. Schnitzler)
in Vorbereitung

HEFT 279
Dr. F. Keune, Aachen
Der gewölbte und verwundene Tragflügel ohne Dicke in Schallnähe
in Vorbereitung

HEFT 280
Dipl.-Ing. J. Stelter und Dipl.-Ing. E. Pfende, Aachen
Über Störerscheinungen bei Schallgeschwindigkeitsmessungen mittels der Interferometermethode
in Vorbereitung

HEFT 281
Prof. Dr.-Ing. K. Lürenbaum, Aachen
Der Meßwagen des Instituts für Maschinen-Dynamik der Deutschen Versuchsanstalt für Luftfahrt, Aachen
in Vorbereitung

HEFT 282
Bergrat a. D. Scherer, Bochum
Das B.T.-Schwelverfahren und seine Anwendung auf der Anlage Marienau
in Vorbereitung

HEFT 283
Prof. Dr. F. Wever und Dr.-Ing. W. Lueg, Düsseldorf
Warmstauchversuche zur Ermittlung der Formänderungsfestigkeit von Gesenkschmiede-Stählen
in Vorbereitung

HEFT 284
Prof. Dr. F. Wever, Düsseldorf, Dr.-Ing. H. J. Wiester, Essen, Dr.-Ing. F. W. Straßburg, Duisburg, Prof. Dr.-Ing. H. Opitz, Aachen, und Dr.-Ing. K. H. Fröhlich, Köln
Einfluß des Gefüges auf die Zerspanbarkeit von Einsatz- und Vergütungsstählen
in Vorbereitung

HEFT 285
Prof. Dr.-Ing. O. Kienzle, Dr.-Ing. K. Lange, Hannover, und Dipl.-Ing. H. Meinert, Osterode
Einfluß der Oberfläche auf das Verschleißverhalten von Schmiedegesenken
in Vorbereitung

HEFT 286
Dr.-Ing. K. Lange, Hannover, Dipl.-Ing. H. Meinert, Osterode, unter Mitarbeit von Dr.-Ing. H. Arend, Mülheim (Ruhr)
Verschleißverhalten hartverchromter Schmiedegesenke
in Vorbereitung

HEFT 287
Prof. Dr.-Ing. K. Krekeler, Aachen
Änderungen der mechanischen Eigenschaftswerte thermoplastischer Kunststoffe bei Beanspruchung in verschiedenen Medien
in Vorbereitung

HEFT 288
Dr. K. Brücker-Steinkuhl, Düsseldorf
Anwendung mathematisch-statistischer Verfahren in der Industrie
in Vorbereitung

HEFT 289
Prof. Dr.-Ing. H. Winterhager, Aachen
Kombinierter Widerstands- und Lichtbogen-Vakuumofen zur Verarbeitung von Titanschwamm
Prof. Dr. Dr. h. c. R. Schwarz, Aachen
Erforschung neuer Wege zur Darstellung von Titanmetall
in Vorbereitung

HEFT 290
Dr. D. Horstmann, Düsseldorf
I. Der verstärkte Angriff des Zinks auf Eisen im Temperaturgebiet um 500° C
II. Einfluß eines Antimongehaltes auf den Angriff von Zinkschmelzen auf Eisen
in Vorbereitung

HEFT 291
Dr.-Ing. H. J. Wiester und Dr. D. Horstmann, Düsseldorf
Der Angriff eisengesättigter Zinkschmelzen auf silizium- und manganhaltiges Eisen
in Vorbereitung

HEFT 292
Dipl.-Ing. W. Rohs und Text.-Ing. H. Griese, Bielefeld
Webversuche an Leinenwebstühlen mit verbesserter Schaftbewegung
in Vorbereitung

HEFT 293
Prof. J. W. Korte, unter Mitarbeit von Dipl.-Ing. P. A. Mäcke und Dipl.-Ing. W. Leutzbach, Aachen
Die Leistungsfähigkeit von Verkehrsanlagen des motorisierten städtischen Straßenverkehrs
in Vorbereitung

HEFT 294
Dipl.-Ing. B. Naendorf, Essen
Untersuchungen industrieller Gasbrenner
in Vorbereitung

HEFT 295
Prof. Dr.-Ing. H. Opitz und Dipl.-Ing. H. Axer, Aachen
Untersuchung und Weiterentwicklung neuartiger elektrischer Bearbeitungsverfahren
in Vorbereitung

HEFT 296
Prof. Dr.-Ing. H. Opitz, Aachen
I. Untersuchungen an elektronischen Regelantrieben
II. Statistische Untersuchungen zur Ausnutzung von Drehbänken
in Vorbereitung

HEFT 297
Dr. K. Schaarwächter, Düsseldorf
Die Reduktion von Siliziumtetrachlorid im Lichtbogen zur nachfolgenden Silizierung von Eisenblechen
in Vorbereitung

HEFT 298
Prof. Dr.-Ing. E. Oehler, Aachen
Untersuchung von kritischen Drehzahlen, die durch Kreiselmomente verursacht werden
in Vorbereitung

HEFT 299
Dr. J. Fassbender und W. Hoppe, Bonn
Eine photoelektrische Nachlaufeinrichtung für Analogie-Rechenmaschinen
in Vorbereitung

HEFT 300
Prof. Dr. E. Schütz und Privatdozent Dr. H. Caspers, Münster
Tierexperimentelle Untersuchungen über die Alkoholwirkungen auf Erregbarkeit und bioelektrische Spontanaktivität der Hirnrinde
in Vorbereitung

HEFT 301
Prof. Dr. W. Weltzien, Dr. G. Cossmann und P. Diehl, Krefeld
Über die fraktionierte Füllung von Polyamiden (II)
in Vorbereitung

HEFT 302
Prof. Dr.-Ing. W. Wegener und Dipl.-Ing. Willi Zahn, Aachen
Untersuchungen von gesponnenen Garnen auf ihre Gleichmäßigkeit nach verschiedenen Meßmethoden
in Vorbereitung

HEFT 303
Prof. Dr.-Ing. S. Kiesskalt, Aachen
Das Institut der Forschungsgesellschaft Verfahrenstechnik e. V. an der Technischen Hochschule Aachen
in Vorbereitung

HEFT 304
Prof. Dr.-Ing. K. Krekeler, Düsseldorf, und Dipl.-Ing. A. Kleine-Albers, Aachen
Beitrag zur thermoelastischen Warmformbarkeit von Hart PVC
in Vorbereitung

HEFT 305
Prof. Dr.-Ing. K. Krekeler, Düsseldorf, Dr.-Ing. H. Peukert, Aachen, und Dipl.-Ing. W. Schmitz, Siegburg
Heißgas-Schweißung von Hart-Polyvinylchlorid mit Zusatzwerkstoff
in Vorbereitung

HEFT 306
Prof. Dr. B. Rensch, Münster
Elektrophysiologische Untersuchungen zur Analysierung der Bildung von Assoziationen und Gedächtnisspuren in Gehirn und Rückenmark
Prof. Dr. A. Loeser, Münster
Akute und chronische Giftwirkungen sauerstoffhaltiger Lösungsmittel
in Vorbereitung

HEFT 307
Privatdozent Dr. J. Juilfs, Krefeld
Vergleichende Untersuchungen zur elastischen und bleibenden Dehnung von Fasern
in Vorbereitung

HEFT 308
Privatdozent Dr. J. Juilfs, Krefeld
Zur Messung der Fadenglätte
in Vorbereitung

HEFT 309
Prof. Dr. K. Cruse und Mitarbeiter, Clausthal-Zellerfeld
Aufbau und Arbeitsweise eines universell verwendbaren Hochfrequenz-Titrationsgerätes
in Vorbereitung

HEFT 310
Dr. P. F. Müller, Bonn
Die Integrieranlage des Rheinisch-Westfälischen Instituts für Instrumentelle Mathematik in Bonn
in Vorbereitung

HEFT 311
Prof. Dr. F. Wever und Dr. M. Hempel, Düsseldorf
Dauerschwingfestigkeit von Stählen bei erhöhten Temperaturen
Teil I: Erkenntnisse aus bisherigen Dauerschwingversuchen in der Wärme
in Vorbereitung

HEFT 312
Prof. Dr. F. Wever und Dr. M. Hempel, Düsseldorf
Dauerschwingfestigkeit von Stählen bei erhöhten Temperaturen
Teil II: Zug-Druck-Dauerschwingversuche an zwei warmfesten Stählen bei Temperaturen von 500 bis 650°
in Vorbereitung

HEFT 313
Prof. Dr. F. Wever, Dr. W. Koch und Dipl.-Phys. H. Rohde, Düsseldorf
Änderungen des Habitus und der Gitterkonstanten des Zementits in Chromstählen bei verschiedenen Wärmebehandlungen
in Vorbereitung

WESTDEUTSCHER VERLAG · KÖLN UND OPLADEN

VERÖFFENTLICHUNGEN DER
ARBEITSGEMEINSCHAFT FÜR FORSCHUNG
DES LANDES NORDRHEIN-WESTFALEN

NATURWISSENSCHAFTEN

Im Auftrage des Ministerpräsidenten Fritz Steinhoff
herausgegeben von Staatssekretär Prof. Leo Brandt

HEFT 1
Prof. Dr.-Ing. Friedrich Seewald, Aachen
Neue Entwicklungen auf dem Gebiet der Antriebsmaschinen
Prof. Dr.-Ing. Friedrich A. F. Schmidt, Aachen
Technischer Stand und Zukunftsaussichten der Verbrennungsmaschinen, insbesondere der Gasturbinen
Dr.-Ing. Rudolf Friedrich, Mülheim (Ruhr)
Möglichkeiten und Voraussetzungen der industriellen Verwertung der Gasturbine
1951, 52 Seiten, 15 Abb., kartoniert, DM 2,75

HEFT 2
Prof. Dr.-Ing. Wolfgang Riezler, Bonn
Probleme der Kernphysik
Prof. Dr. Fritz Micheel, Münster
Isotope als Forschungsmittel in der Chemie und Biochemie
1951, 40 Seiten, 10 Abb., kartoniert, DM 2,40

HEFT 3
Prof. Dr. Emil Lehnartz, Münster
Der Chemismus der Muskelmaschine
Prof. Dr. Gunther Lehmann, Dortmund
Physiologische Forschung als Voraussetzung der Bestgestaltung der menschlichen Arbeit
Prof. Dr. Heinrich Kraut, Dortmund
Ernährung und Leistungsfähigkeit
1951, 60 Seiten, 35 Abb., kartoniert, DM 3,50

HEFT 4
Prof. Dr. Franz Wever, Düsseldorf
Aufgaben der Eisenforschung
Prof. Dr.-Ing. Hermann Schenck, Aachen
Entwicklungslinien des deutschen Eisenhüttenwesens
Prof. Dr.-Ing. Max Haas, Aachen
Wirtschaftliche Bedeutung der Leichtmetalle und ihre Entwicklungsmöglichkeiten
1952, 60 Seiten, 20 Abb., kartoniert, DM 3,50

HEFT 5
Prof. Dr. Walter Kikuth, Düsseldorf
Virusforschung
Prof. Dr. Rolf Danneel, Bonn
Fortschritte der Krebsforschung
Prof. Dr. Dr. Werner Schulemann, Bonn
Wirtschaftliche und organisatorische Gesichtspunkte für die Verbesserung unserer Hochschulforschung
1952, 50 Seiten, 2 Abb., kartoniert, DM 2,75

HEFT 6
Prof. Dr. Walter Weizel, Bonn
Die gegenwärtige Situation der Grundlagenforschung in der Physik
Prof. Dr. Siegfried Strugger, Münster
Das Duplikantenproblem in der Biologie
Direktor Dr. Fritz Gummert, Essen
Überlegungen zu den Faktoren Raum und Zeit im biologischen Geschehen und Möglichkeiten einer Nutzanwendung
1952, 64 Seiten, 20 Abb., kartoniert, DM 3,—

HEFT 7
Prof. Dr.-Ing. August Götte, Aachen
Steinkohle als Rohstoff und Energiequelle
Prof. Dr. Dr. E. h. Karl Ziegler, Mülheim (Ruhr)
Über Arbeiten des Max-Planck-Institutes für Kohlenforschung
1953, 66 Seiten, 4 Abb., kartoniert, DM 3,60

HEFT 8
Prof. Dr.-Ing. Wilhelm Fucks, Aachen
Die Naturwissenschaft, die Technik und der Mensch
Prof. Dr. Walther Hoffmann, Münster
Wirtschaftliche und soziologische Probleme des technischen Fortschritts
1952, 84 Seiten, 12 Abb., kartoniert, DM 4,80

HEFT 9
Prof. Dr.-Ing. Franz Bollenrath, Aachen
Zur Entwicklung warmfester Werkstoffe
Prof. Dr. Heinrich Kaiser, Dortmund
Stand spektralanalytischer Prüfverfahren und Folgerung für deutsche Verhältnisse
1952, 100 Seiten, 62 Abb., kartoniert, DM 6,—

HEFT 10
Prof. Dr. Hans Braun, Bonn
Möglichkeiten und Grenzen der Resistenzzüchtung
Prof. Dr.-Ing. Carl Heinrich Dencker, Bonn
Der Weg der Landwirtschaft von der Energieautarkie zur Fremdenergie
1952, 74 Seiten, 23 Abb., kartoniert, DM 4,30

HEFT 11
Prof. Dr.-Ing. Herwart Opitz, Aachen
Entwicklungslinien der Fertigungstechnik in der Metallbearbeitung
Prof. Dr.-Ing. Karl Krekeler, Aachen
Stand und Aussichten der schweißtechnischen Fertigungsverfahren
1952, 72 Seiten, 49 Abb., kartoniert, DM 5,—

HEFT 12
Dr. Hermann Rathert, Wuppertal-Elberfeld
Entwicklung auf dem Gebiet der Chemiefaser-Herstellung
Prof. Dr. Wilhelm Weltzien, Krefeld
Rohstoff und Veredlung in der Textilwirtschaft
1952, 84 Seiten, 29 Abb., kartoniert, DM 4,80

HEFT 13
Dr.-Ing. E. h. Karl Herz, Frankfurt a. M.
Die technischen Entwicklungstendenzen im elektrischen Nachrichtenwesen
Staatssekretär Prof. Leo Brandt, Düsseldorf
Navigation und Luftsicherung
1952, 102 Seiten, 97 Abb., kartoniert, DM 7,25

HEFT 14
Prof. Dr. Burckhardt Helferich, Bonn
Stand der Enzymchemie und ihre Bedeutung
Prof. Dr. Hugo Wilhelm Knipping, Köln
Ausschnitt aus der klinischen Carcinomforschung am Beispiel des Lungenkrebses
1952, 72 Seiten, 12 Abb., kartoniert, DM 4,30

HEFT 15
Prof. Dr. Abraham Esau †, Aachen
Ortung mit elektrischen und Ultraschallwellen in Technik und Natur
Prof. Dr.-Ing. Eugen Flegler, Aachen
Die ferromagnetischen Werkstoffe der Elektrotechnik und ihre neueste Entwicklung
1953, 84 Seiten, 25 Abb., kartoniert, DM 4,80

HEFT 16
Prof. Dr. Rudolf Seyffert, Köln
Die Problematik der Distribution
Prof. Dr. Theodor Beste, Köln
Der Leistungslohn
1952, 70 Seiten, 1 Abb., kartoniert, DM 3,50

HEFT 17
Prof. Dr.-Ing. Friedrich Seewald, Aachen
Luftfahrtforschung in Deutschland und ihre Bedeutung für die allgemeine Technik
Prof. Dr.-Ing. Edouard Houdremont, Essen
Art und Organisation der Forschung in einem Industrieforschungsinstitut der Eisenindustrie
1953, 90 Seiten, 4 Abb., kartoniert, DM 4,20

HEFT 18
Prof. Dr. Dr. Werner Schulemann, Bonn
Theorie und Praxis pharmakologischer Forschung
Prof. Dr. Wilhelm Groth, Bonn
Technische Verfahren zur Isotopentrennung
1953, 72 Seiten, 17 Abb., kartoniert, DM 4,—

HEFT 19
Dipl.-Ing. Kurt Traenckner, Essen
Entwicklungstendenzen der Gaserzeugung
1953, 26 Seiten, 12 Abb., kartoniert, DM 1,60

HEFT 20
M. Zvegintzow, London
Wissenschaftliche Forschung und die Auswertung ihrer Ergebnisse
Ziel und Tätigkeit der National Research Development Corporation
Dr. Alexander King, London
Wissenschaft und internationale Beziehungen
1954, 88 Seiten, kartoniert, DM 4,20

HEFT 21
Prof. Dr. Robert Schwarz, Aachen
Wesen und Bedeutung der Silicium-Chemie
Prof. Dr. Dr. h. c. Kurt Alder, Köln
Fortschritte in der Synthese von Kohlenstoffverbindungen
1954, 76 Seiten, 49 Abb., kartoniert, DM 4,—

HEFT 21a
Prof. Dr. Dr. h. c. Otto Hahn, Göttingen
Die Bedeutung der Grundlagenforschung für die Wirtschaft
Prof. Dr. Siegfried Strugger, Münster
Die Erforschung des Wasser- und Nährsalztransportes im Pflanzenkörper mit Hilfe der fluoreszenzmikroskopischen Kinematographie
1953, 74 Seiten, 26 Abb., kartoniert, DM 5,—

HEFT 22
Prof. Dr. Johannes von Allesch, Göttingen
Die Bedeutung der Psychologie im öffentlichen Leben
Prof. Dr. Otto Graf, Dortmund
Triebfedern menschlicher Leistung
1953, 80 Seiten, 19 Abb., kartoniert, DM 4,—

HEFT 23
Prof. Dr. Dr. h. c. Bruno Kuske, Köln
Zur Problematik der wirtschaftswissenschaftlichen Raumforschung
Prof. Dr.-Ing. E. h. Stephan Prager, Düsseldorf
Städtebau und Landesplanung
1954, 84 Seiten, DM 3,50

HEFT 24
Prof. Dr. Rolf Danneel, Bonn
Über die Wirkungsweise der Erbfaktoren
Prof. Dr. Kurt Herzog, Krefeld
Bewegungsbedarf der menschlichen Gliedmaßengelenke bei der Berufsarbeit
1953, 76 Seiten, 18 Abb., kartoniert, DM 4,—

WESTDEUTSCHER VERLAG · KÖLN UND OPLADEN

HEFT 25
Prof. Dr. Otto Haxel, Heidelberg
Energiegewinnung aus Kernprozessen
Dr.-Ing. Dr. Max Wolf, Düsseldorf
Gegenwartsprobleme der energiewirtschaftlichen Forschung
1953, 98 Seiten, 27 Abb., kartoniert, DM 5,25

HEFT 26
Prof. Dr. Friedrich Becker, Bonn
Ultrakurzwellenstrahlung aus dem Weltraum
Dr. Hans Straßl, Bonn
Bemerkenswerte Doppelsterne und das Problem der Sternentwicklung
1954, 70 Seiten, 8 Abb., kartoniert, DM 3,60

HEFT 27
Prof. Dr. Heinrich Behnke, Münster
Der Strukturwandel der Mathematik in der ersten Hälfte des 20. Jahrhunderts
Prof. Dr. Emanuel Sperner, Hamburg
Eine mathematische Analyse der Luftdruckverteilungen in großen Gebieten
1956, 96 Seiten, 12 Abb., 5 Tab., kartoniert, DM 5,—

HEFT 28
Prof. Dr. Oskar Niemczyk, Aachen
Die Problematik gebirgsmechanischer Vorgänge im Steinkohlenbergbau
Prof. Dr. Wilhelm Ahrens, Krefeld
Die Bedeutung geologischer Forschung für die Wirtschaft, besonders in Nordrhein-Westfalen
1955, 96 Seiten, 12 Abb., kartoniert, DM 5,25

HEFT 29
Prof. Dr. Bernhard Rensch, Münster
Das Problem der Residuen bei Lernleistungen
Prof. Dr. Hermann Fink, Köln
Über Leberschäden bei der Bestimmung des biologischen Wertes verschiedener Eiweiße von Mikroorganismen
1954, 96 Seiten, 23 Abb., kartoniert, DM 5,25

HEFT 30
Prof. Dr.-Ing. Friedrich Seewald, Aachen
Forschungen auf dem Gebiete der Aerodynamik
Prof. Dr.-Ing. Karl Leist, Aachen
Einige Forschungsarbeiten aus der Gasturbinentechnik
1955, 98 Seiten, 45 Abb., kartoniert, DM 7,—

HEFT 31
Prof. Dr.-Ing. Dr. h. c. Fritz Mietzsch, Wuppertal
Chemie und wirtschaftliche Bedeutung der Sulfonamide
Prof. Dr. Dr. h. c. Gerhard Domagk, Wuppertal
Die experimentellen Grundlagen der bakteriellen Infektionen
1954, 82 Seiten, 2 Abb., kartoniert, DM 4,—

HEFT 32
Prof. Dr. Hans Braun, Bonn
Die Verschleppung von Pflanzenkrankheiten und -schädigungen über die Welt
Prof. Dr. Wilhelm Rudorf, Voldagsen
Der Beitrag von Genetik und Züchtung zur Bekämpfung von Viruskrankheiten der Nutzpflanzen
1953, 88 Seiten, 36 Abb., kartoniert, DM 5,—

HEFT 33
Prof. Dr.-Ing. Volker Aschoff, Aachen
Probleme der elektroakustischen Einkanalübertragung
Prof. Dr.-Ing. Herbert Döring, Aachen
Erzeugung und Verstärkung von Mikrowellen
1954, 74 Seiten, 23 Abb., kartoniert, DM 4,30

HEFT 34
Geheimrat Prof. Dr. Dr. Rudolf Schenck, Aachen
Bedingungen und Gang der Kohlenhydratsynthese im Licht
Prof. Dr. Emil Lehnartz, Münster
Die Endstufen des Stoffabbaues im Organismus
1954, 80 Seiten, 11 Abb., kartoniert, DM 4,20

HEFT 35
Prof. Dr.-Ing. Hermann Schenck, Aachen
Gegenwartsprobleme der Eisenindustrie in Deutschland
Prof. Dr.-Ing. Eugen Piwowarsky †, Aachen
Gelöste und ungelöste Probleme im Gießereiwesen
1954, 110 Seiten, 67 Abb., kartoniert, DM 6,50

HEFT 36
Prof. Dr. Wolfgang Riezler, Bonn
Teilchenbeschleuniger
Prof. Dr. Gerhard Schubert, Hamburg
Anwendung neuer Strahlenquellen in der Krebstherapie
1954, 104 Seiten, 43 Abb., kartoniert, DM 7,—

HEFT 37
Prof. Dr. Franz Lotze, Münster
Probleme der Gebirgsbildung
Bergwerksdirektor Bergassessor a.D. G. Rauschenbach, Essen
Die Erhaltung der Förderungskapazität des Ruhrbergbaues auf lange Sicht
in Vorbereitung

HEFT 38
Dr. E. Colin Cherry, London
Kybernetik
Prof. Dr. Erich Pietsch, Clausthal-Zellerfeld
Dokumentation und mechanisches Gedächtnis — zur Frage der Ökonomie der geistigen Arbeit
1954, 108 Seiten, 31 Abb., kartoniert, DM 5,25

HEFT 39
Dr. Heinz Haase, Hamburg
Infrarot und seine technischen Anwendungen
Prof. Dr. Abraham Esau †, Aachen
Ultraschall und seine technischen Anwendungen
1955, 80 Seiten, 25 Abb., kartoniert, DM 4,80

HEFT 40
Bergassessor Fritz Lange, Bochum-Hordel
Die wirtschaftliche und soziale Bedeutung der Silikose im Bergbau
Prof. Dr. Walter Kikuth, Düsseldorf
Die Entstehung der Silikose und ihre Verhütungsmaßnahmen
1954, 120 Seiten, 40 Abb., kartoniert, DM 7,25

HEFT 40a
Prof. Dr. Eberhard Gross, Bonn
Berufskrebs und Krebsforschung
Prof. Dr. Hugo Wilhelm Knipping, Köln
Die Situation der Krebsforschung vom Standpunkt der Klinik
1955, 88 Seiten, 31 Abb., kartoniert, DM 5,—

HEFT 41
Direktor Dr.-Ing. Gustav-Victor Lachmann, London
An einer neuen Entwicklungsschwelle im Flugzeugbau
Direktor Dr.-Ing. A. Gerber, Zürich-Oerlikon
Stand der Entwicklung der Raketen- und Lenktechnik
1955, 88 Seiten, 44 Abb., kartoniert, DM 6,—

HEFT 42
Prof. Dr. Theodor Kraus, Köln
Lokalisationsphänomene und Raumordnung vom Standpunkt der geographischen Wissenschaft
Direktor Dr. Fritz Gummert, Essen
Vom Ernährungsversuchsfeld der Kohlenstoffbiologischen Forschungsstation Essen
in Vorbereitung

HEFT 42a
Prof. Dr. Dr. h. c. Gerhard Domagk, Wuppertal
Fortschritte auf dem Gebiet der experimentellen Krebsforschung
1954, 46 Seiten, kartoniert, DM 2,—

HEFT 43
Prof. Giovanni Lampariello, Rom
Über Leben und Werk von Heinrich Hertz
Prof. Dr. Walter Weizel, Bonn
Über das Problem der Kausalität in der Physik
1955, 76 Seiten kartoniert, DM 3,30

HEFT 43a
Prof. Dr. José Mª Albareda, Madrid
Die Entwicklung der Forschung in Spanien
in Vorbereitung

HEFT 44
Prof. Dr. Burckhardt Helferich, Bonn
Über Glykoside
Prof. Dr. Fritz Micheel, Münster
Kohlenhydrat-Eiweiß-Verbindungen und ihre biochemische Bedeutung
in Vorbereitung

HEFT 45
Prof. Dr. John von Neumann, Princeton, USA
Entwicklung und Ausnutzung neuerer mathematischer Maschinen
Prof. Dr. E. Stiefel, Zürich
Rechenautomaten im Dienste der Technik mit Beispielen aus dem Züricher Institut für angewandte Mathematik
1955, 74 Seiten, 6 Abb., kartoniert, DM 3,50

HEFT 46
Prof. Dr. Wilhelm Weltzien, Krefeld
Ausblick auf die Entwicklung synthetischer Fasern
Prof. Dr. Walther Hoffmann, Münster
Wachstumsformen der Industriewirtschaft

HEFT 47
Staatssekretär Prof. Leo Brandt, Düsseldorf
Die praktische Förderung der Forschung in Nordrhein-Westfalen
Prof. Dr. Ludwig Raiser, Bad Godesberg
Die Förderung der angewandten Forschung durch die Deutsche Forschungsgemeinschaft
in Vorbereitung

HEFT 48
Dr. Hermann Tromp, Rom
Bestandsaufnahme der Wälder der Welt als internationale und wissenschaftliche Aufgabe
Prof. Dr. Franz Heske, Schloß Reinbek
Die Wohlfahrtswirkungen des Waldes als internationales Problem
in Vorbereitung

HEFT 49
Präsident Dr. G. Böhnecke, Hamburg
Zeitfragen der Ozeanographie
Reg.-Direktor Dr. H. Gabler, Hamburg
Nautische Technik und Schiffssicherheit
1955, 120 Seiten, 49 Abb., kartoniert, DM 7,50

HEFT 50
Prof. Dr.-Ing. Friedrich A. F. Schmidt, Aachen
Probleme der Selbstzündung und Verbrennung bei der Entwicklung der Hochleistungskraftmaschinen
Prof. Dr.-Ing. A. W. Quick, Aachen
Ein Verfahren zur Untersuchung des Austauschvorganges in verwirbelten Strömungen hinter Körpern mit abgelöster Strömung
in Vorbereitung

HEFT 51
Prof. Dr. Siegfried Strugger, Münster
Struktur, Entwicklungsgeschichte und Physiologie der Chloroplasten
Direktor Dr. J. Pätzold, Erlangen
Therapeutische Anwendung mechanischer und elektrischer Energie
in Vorbereitung

HEFT 52
Mr. Patmore, London
Lufttüchtigkeit und technische Prüfung der Flugzeuge in England
Prof. A. D. Young, Cranfield
Die Ausbildung des Ingenieurnachwuchses auf dem Luftfahrtgebiet in England
in Vorbereitung

JAHRESFEIER 1955
Prof. Dr. Josef Pieper, Münster
Über den Philosophie-Begriff Platons
Prof. Dr. Walter Weizel, Bonn
Die Mathematik und die physikalische Realität
1555, 62 Seiten, kartoniert, DM 2,90

HEFT 52a
Dr. D. C. Martin, London
Geschichte und Organisation der Royal Society
Dr. Roux, Südafrika
Probleme der wissenschaftlichen Forschung in der Südafrikanischen Union
in Vorbereitung

HEFT 53
Prof. Dr.-Ing. Georg Schnadel, Hamburg
Forschungsaufgaben zur Untersuchung der Festigkeitsprobleme im Schiffsbau
Prof. Dipl.-Ing. Wilhelm Sturtzel, Duisburg
Forschungsaufgaben zur Untersuchung der Widerstandsprobleme im Schiffsbau
in Vorbereitung

HEFT 53a
Prof. Giovanni Lampariello, Rom
Von Galilei zu Einstein
1956, 92 Seiten, kartoniert, DM 4,20

HEFT 54
Prof. Dr. Julius Bartels, Göttingen
Sonne und Erde — das Thema des internationalen geophysikalischen Jahres
Direktor Dr. Walter Dieminger, Lindau/Harz
Ionosphäre und drahtloser Weitverkehr
in Vorbereitung

HEFT 54a
Sir John Cockcroft, London
Die friedliche Anwendung der Kernenergie
in Vorbereitung

HEFT 55
Prof. Dr.-Ing. Fritz Schultz-Grunow, Aachen
Das Kriechen und Fließen hochzäher und plastischer Stoffe
Prof. Dr.-Ing. Hans Ebner, Aachen
Wege und Ziele der Festigkeitsforschung besonders im Hinblick auf den Leichtbau
in Vorbereitung

WESTDEUTSCHER VERLAG · KÖLN UND OPLADEN

HEFT 56
Prof. Dr. Ernst Derra, Düsseldorf
Der Entwicklungsstand der Herzchirurgie
Prof. Dr. Gunther Lehmann, Dortmund
Muskelarbeit und Muskelermüdung in Theorie und Praxis
in Vorbereitung

HEFT 57
Prof. Dr. Theodor von Kármán, Pasadena
Freiheit und Organisation in der Luftfahrtforschung
in Vorbereitung

HEFT 58
Prof. Dr. Fritz Schröter, Ulm
Neue Forschungs- und Entwicklungsrichtungen im Fernsehen
Prof. Dr. Albert Narath, Berlin
Der gegenwärtige Stand der Filmtechnik
in Vorbereitung

VERÖFFENTLICHUNGEN DER ARBEITSGEMEINSCHAFT FÜR FORSCHUNG DES LANDES NORDRHEIN-WESTFALEN

GEISTESWISSENSCHAFTEN

Im Auftrage des Ministerpräsidenten Karl Arnold
herausgegeben von Staatssekretär Prof. Leo Brandt

HEFT 1
Prof. Dr. Werner Richter, Bonn
Die Bedeutung der Geisteswissenschaften für die Bildung unserer Zeit
Prof. Dr. Joachim Ritter, Münster
Die aristotelische Lehre vom Ursprung und Sinn der Theorie
1953, 64 Seiten, kartoniert, DM 3,50

HEFT 2
Prof. Dr. Josef Kroll, Köln
Elysium
Prof. Dr. Günther Jachmann, Köln
Die vierte Ekloge Vergils
1953, 72 Seiten, kartoniert, DM 3,75

HEFT 3
Prof. Dr. Hans Erich Stier, Münster
Die klassische Demokratie
1954, 100 Seiten, kartoniert, DM 6,—

HEFT 4
Prof. Dr. Werner Caskel, Köln
Lihyan und Lihyanisch. Sprache und Kultur eines früharabischen Königreiches
1954, 168 Seiten, 6 Abb., kartoniert, DM 11,—

HEFT 5
Prof. Dr. Thomas Ohm, Münster
Stammesreligionen im südlichen Tanganyika-Territorium
1953, 80 Seiten, 25 Abb., kartoniert, DM 11,50

HEFT 6
Prälat Prof. Dr. Dr. h. c. Georg Schreiber, Münster
Deutsche Wissenschaftspolitik von Bismarck bis zum Atomwissenschaftler Otto Hahn
1954, 102 Seiten, 7 Bilder, kartoniert, DM 6,25

HEFT 7
Prof. Dr. Walter Holtzmann, Bonn
Das mittelalterliche Imperium und die werdenden Nationen
1953, 28 Seiten, kartoniert, DM 2,50

HEFT 8
Prof. Dr. Werner Caskel, Köln
Die Bedeutung der Beduinen in der Geschichte der Araber
1954, 44 Seiten, kartoniert, DM 2,75

HEFT 9
Prälat Prof. Dr. Dr. h. c. Georg Schreiber, Münster
Irland im deutschen und abendländischen Sakralraum
in Vorbereitung

HEFT 10
Prof. Dr. Peter Rassow, Köln
Forschungen zur Reichsidee im 16. und 17. Jahrhundert
1955, 32 Seiten, kartoniert, DM 1,90

HEFT 11
Prof. Dr. Hans Erich Stier, Münster
Roms Aufstieg zur Weltherrschaft
in Vorbereitung

HEFT 12
Prof. D. Karl Heinrich Rengstorf, Münster
Mann und Frau im Urchristentum
Prof. Dr. Hermann Conrad, Bonn
Grundprobleme einer Reform des Familienrechts
1954, 106 Seiten, kartoniert, DM 6,—

HEFT 13
Prof. Dr. Max Braubach, Bonn
Der Weg zum 20. Juli 1944
1953, 48 Seiten, kartoniert, DM 3,25

HEFT 14
Prof. Dr. Paul Hübinger, Münster
Das deutsch-französische Verhältnis und seine mittelalterlichen Grundlagen
in Vorbereitung

HEFT 15
Prof. Dr. Franz Steinbach, Bonn
Der geschichtliche Weg des wirtschaftenden Menschen in die soziale Freiheit und politische Verantwortung
1954, 76 Seiten, kartoniert, DM 3,80

HEFT 16
Prof. Dr. Josef Koch, Köln
Die Ars coniecturalis des Nikolaus von Cues
in Vorbereitung

HEFT 17
*Prof. Dr. James Conant,
US-Hochkommissar für Deutschland*
Staatsbürger und Wissenschaftler
Prof. D. Karl Heinrich Rengstorf, Münster
Antike und Christentum
1953, 48 Seiten, 2 Abb., kartoniert, DM 3,50

HEFT 18
Prof. Dr. Richard Alewyn, Köln
Klopstocks Publikum
in Vorbereitung

HEFT 19
Prof. Dr. Fritz Schalk, Köln
Das Lächerliche in der französischen Literatur des Ancien Régime
1954, 42 Seiten, kartoniert, DM 2,25

HEFT 20
Prof. Dr. Ludwig Raiser, Bad Godesberg
Rechtsfragen der Mitbestimmung
1954, 48 Seiten, kartoniert, DM 2,50

HEFT 21
Prof. D. Martin Noth, Bonn
Das Geschichtsverständnis der alttestamentlichen Apokalyptik
1953, 36 Seiten, kartoniert, DM 2,20

HEFT 22
Prof. Dr. Walter F. Schirmer, Bonn
Glück und Ende des Könige in Shakespeares Historien
1954, 32 Seiten, kartoniert, DM 1,60

HEFT 23
Prof. Dr. Günther Jachmann, Köln
Der homerische Schiffskatalog und die Ilias
in Vorbereitung

HEFT 24
Prof. Dr. Theodor Klauser, Bonn
Die römischen Petrustraditionen im Lichte der neuen Ausgrabungen unter der Peterskirche
in Vorbereitung

HEFT 25
Prof. Dr. Hans Peters, Köln
Die Gewaltentrennung in moderner Sicht
1955, 48 Seiten, kartoniert, DM 3,10

HEFT 26
Prof. Dr. Fritz Schalk, Köln
Calderon und die Mythologie
in Vorbereitung

HEFT 27
Prof. Dr. Josef Kroll, Köln
Vom Leben geflügelter Worte
in Vorbereitung

WESTDEUTSCHER VERLAG · KÖLN UND OPLADEN

HEFT 28
Prof. Dr. Thomas Ohm, Münster
Die Religionen in Asien
1954, 50 Seiten, 4 Abb., kartoniert, DM 5,—

HEFT 29
Prof. Dr. Johann Leo Weisgerber, Bonn
Die Ordnung der Sprache im persönlichen und öffentlichen Leben
1955, 64 Seiten, kartoniert, DM 2,90

HEFT 30
Prof. Dr. Werner Caskel, Köln
Entdeckungen in Arabien
1954, 44 Seiten, kartoniert, DM 2,—

HEFT 31
Prof. Dr. Max Braubach, Bonn
Entstehung und Entwicklung der landesgeschichtlichen Bestrebungen und historischen Vereine im Rheinland
1955, 32 Seiten, kartoniert, DM 1,60

HEFT 32
Prof. Dr. Fritz Schalk, Köln
Somnium und verwandte Wörter in den romanischen Sprachen
1955, 48 Seiten, 3 Abb., kartoniert, DM 2,50

HEFT 33
Prof. Dr. Friedrich Dessauer, Frankfurt a. M.
Erbe und Zukunft des Abendlandes
in Vorbereitung

HEFT 34
Prof. Dr. Thomas Ohm, Münster
Ruhe und Frömmigkeit
1955, 128 Seiten, 30 Abb., kartoniert, DM 8,—

HEFT 35
Prof. Dr. Hermann Conrad, Bonn
Die mittelalterliche Besiedlung des deutschen Ostens und das Deutsche Recht
1955, 40 Seiten, kartoniert, DM 2,—

HEFT 36
Prof. Dr. Hans Sckommodau, Köln
Die religiösen Dichtungen Margaretes von Navarra
1955, 172 Seiten, kartoniert, DM 7,20

HEFT 37
Prof. Dr. Herbert von Einem, Bonn
Der Mainzer Kopf mit der Binde
1955, 88 Seiten, 40 Abb., kartoniert, DM 6,—

HEFT 38
Prof. Dr. Joseph Höffner, Münster
Statik und Dynamik in der scholastischen Wirtschaftsethik
1955, 48 Seiten, kartoniert, DM 2,20

HEFT 39
Prof. Dr. Fritz Schalk, Köln
Diderots Essai über Claudius und Nero
in Vorbereitung

HEFT 40
Prof. Dr. Gerhard Kegel, Köln
Probleme des internationalen Enteignungs- und Währungsrechts
in Vorbereitung

HEFT 41
Prof. Dr. Johann Leo Weisgerber, Bonn
Die Grenzen der Schrift — Der Kern der Rechtschreibreform
1955, 72 Seiten, kartoniert, DM 3,25

HEFT 42
Prof. Dr. Richard Alewyn, Köln
Von der Empfindsamkeit zur Romantik
in Vorbereitung

HEFT 43
Prof. Dr. Theodor Schieder, Köln
Die Probleme des Rapallo-Vertrages 1922
in Vorbereitung

HEFT 44
Prof. Dr. Andreas Kumpf, Köln
Stilphasen der spätantiken Kunst
in Vorbereitung

HEFT 45
Dr. Ulrich Luck, Münster
Kerygma und Tradition in der Hermeneutik Adolf Schlatters
1955, 136 Seiten, kartoniert, DM 6,15

HEFT 46
Prof. Dr. Walther Holtzmann, Rom
Das Deutsche Historische Institut in Rom
Prof. Dr. Graf Wolff Metternich, Rom
Die Bibliotheca Hertziana und der Palazzo Zuccari
1955, 68 Seiten, 7 Abb., kartoniert, DM 3,50

JAHRESFEIER 1955
Prof. Dr. Josef Pieper, Münster
Über den Philosophie-Begriff Platons
Prof. Dr. Walter Weizel, Bonn
Die Mathematik und die physikalische Realität
1955, 62 Seiten, kartoniert, DM 2,90

HEFT 47
Prof. Dr. Harry Westermann, Münster
Person und Persönlichkeit im Zivilrecht
in Vorbereitung

HEFT 48
Prof. Dr. Johann Leo Weisgerber, Bonn
Die Namen der Ubier
in Vorbereitung

HEFT 49
Prof. Dr. Friedrich Karl Schumann, Münster
Mythos und Technik *in Vorbereitung*

HEFT 50
Prof. Dr. Wolfgang Schöne, Hamburg
Raffaels Sixtinische Madonna
in Vorbereitung

HEFT 51
Prälat Prof. Dr. Dr. h. c. Georg Schreiber, Münster
Der Bergbau in Geschichte, Ethos und Sakralkultur
in Vorbereitung

HEFT 52
Prof. Dr. Hans J. Wolff, Münster
Die Rechtsgestalt der Universität
in Vorbereitung

HEFT 53
Prof. Dr. Heinrich Vogt, Bonn
Schadenersatzprobleme im Verhältnis von Haftungsgrund und Schaden
in Vorbereitung

HEFT 54
Prof. Dr. Max Braubach, Bonn
Der Einmarsch der deutschen Truppen in die entmilitarisierte Zone am Rhein im März 1936. Ein Beitrag zur Vorgeschichte des zweiten Weltkrieges
in Vorbereitung

HEFT 55
Prof. Dr. Herbert von Einem, Bonn
Die Menschwerdung Christi des Isenheimer Altars
in Vorbereitung

HEFT 56
Prof. Dr. E. J. Cohn, London
Der englische Gerichtstag
in Vorbereitung

HEFT 57
Dr. Albert Woopen, Aachen
Die Zivilehe und der Grundsatz der Unauflöslichkeit der Ehe in der Entwicklung des italienischen Zivilrechts
1956, 88 Seiten, kartoniert, DM 4,—

WESTDEUTSCHER VERLAG · KÖLN UND OPLADEN

MIX
Papier aus verantwortungsvollen Quellen
Paper from responsible sources
FSC® C105338

If you have any concerns about our products,
you can contact us on
ProductSafety@springernature.com

In case Publisher is established outside the EU,
the EU authorized representative is:
Springer Nature Customer Service Center GmbH
Europaplatz 3, 69115 Heidelberg, Germany

Printed by Libri Plureos GmbH
in Hamburg, Germany